U0178732

玩味茶事

THE PLEASURE OF TEA

LIN ZHENBIAO

林贞标 著

人民日报出版社

图书在版编目（CIP）数据

玩味茶事 / 林贞标著 . -- 北京 : 人民日报出版社 , 2021.10
ISBN 978-7-5115-7053-6

Ⅰ . ①玩… Ⅱ . ①林… Ⅲ . ①茶艺 - 研究 - 中国 Ⅳ . ① TS971.21

中国版本图书馆 CIP 数据核字 (2021) 第 109868 号

书　　名：玩味茶事
　　　　　WANWEI CHASHI
作　　者：林贞标

出 版 人：刘华新
责任编辑：葛　倩
装帧设计：今朝风日好

出版发行：人民日报出版社
社　　址：北京金台西路 2 号
邮政编码：100733
发行热线：(010) 65369509　65369527　65369846　65369512
邮购热线：(010) 65369530　65363527
编辑热线：(010) 65363486
网　　址：www.peopledailypress.com
经　　销：新华书店
印　　刷：北京地大彩印有限公司
法律顾问：北京科宇律师事务所　010-83622312

开　　本：787mm×1092mm　1/32
字　　数：180 千字
印　　张：10
版　　次：2021 年 10 月第 1 版
印　　次：2021 年 10 月第 1 次印刷

书　　号：ISBN 978-7-5115-7053-6
定　　价：65.00 元

目录

玩味茶膳

茶友言·标哥的茶事

其实以前很多普洱茶的烟熏味就是这样来的

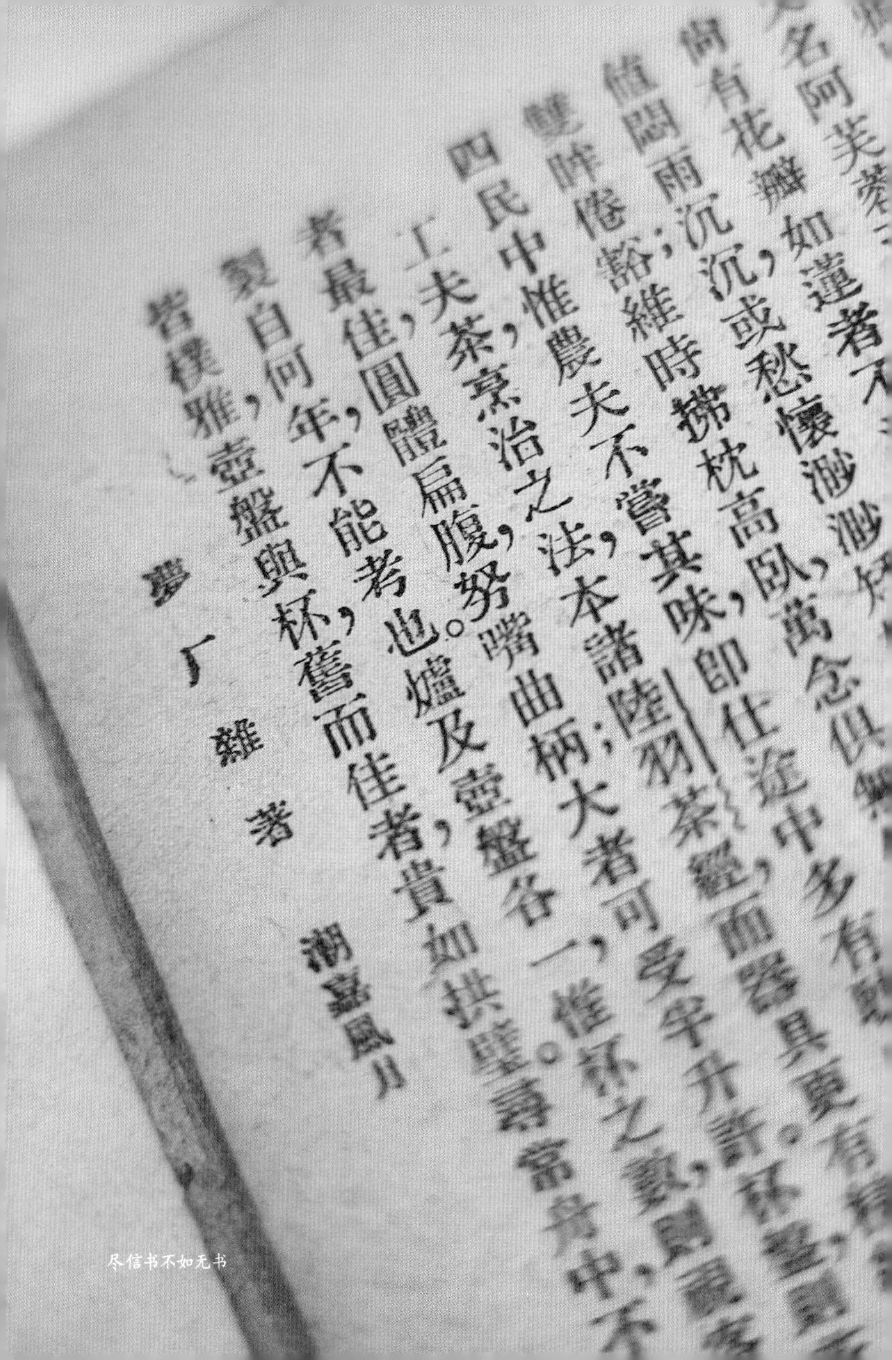

名阿芙蓉
倘有花瓣，如蓮者不
值陰雨沉沉或愁懷渺渺
雙肘倦豁；維時拂枕高臥，萬念俱
四民中惟農夫不嘗其味，即仕途中多有
工夫茶，烹治之法，本諸陸羽茶經，而器具更
者最佳，圓體扁腹，努嘴曲柄，大者可受半升許
製自何年，不能考也。爐及壺盤各一，惟杯之數
古樸雅，壺盤與杯，舊而佳者，貴如拱璧，尋常舟中不

夢厂雜著　潮嘉風月

序

几年前，好友奇真对我说："标哥，你这么懂茶，应该写本关于茶的书。"我自认为可以写成。于是，我踌躇满志地列出大纲，引经据典地写了三个月，结果越写越全身冒冷汗。自以为爱茶、懂茶的我，写不下去了。

在追溯某种茶的起源，查找一些所谓的"专家"的书或茶史记载时，我就写不下去了。茶学者在写到某款茶的起源时，多是往神话故事方向写。例如，某山出产的一种茶，号称跟梦有关系。据说有一状元梦见自己红袍加身，于是便有了"大红袍"的名号……林林总总，我整个人都感觉不好了，再写下去，便是生不如死，所以我把写了三个月的稿件全撕了，下定决心从此只写吃的。

可茶是我的第二生命，我始终心有不甘，总想写点东西来证明自己是茶圈里的人，以显示我是一个"雅人"。幸好机缘巧合让我重拾了写茶的信心。今日下午，北京好友陆飚和我敬重的徐岚老师前来与我茶聚。和徐老师每次谈笑总能受到启发。说到茶，一下午都没有一个定义。由此我写不下去的缘由，就是自以为是地想找出茶的定义和以名门正派自居。

在闲聊中,我无意间和徐老师聊到尼采。其实我是假装有文化,对于尼采,我只知道他晚年是个疯子。有部黑白电影专门讲述他晚年的事情。尼采在晚年什么事情也没有做，只是不断地吃土豆、穿衣服，最后说了一句："都是在开玩笑。"

地球上的许多事都是大自然与人类开的玩笑，茶亦然。明白了这些，我决定重新拿起笔来说说茶事。我希望在过程中，能厘出一点头绪，玩出一点不故弄玄虚的茶理，同时让身边的朋友能简单地喝一杯茶。

天地生万物自有其美妙和规律，我们普通人所谓的"研究"，只是一厢情愿的结果，其实对于喝茶，能明白好喝这个基本要点就可以了。

所以,我希望本书能为茶友们"玩"出一点有用的东西,即便只是粲然一笑,也值了。在此说明一下，我开的玩笑，只是自以为是的观点，没有针对任何人、任何事物，如果情境描述和哪位前辈、同好的情境雷同，纯属巧合，请千万不要对号入座。

今天下午的茶聚相谈甚欢，晚上又和大伯、二伯两位长辈喝酒，庆贺二伯的建业酒家开业二十四周年。酒意渐深，二伯情不自禁地抱着大伯和我一人来了一个吻，虽是情到深处，还是让我满身起鸡皮疙瘩。

不过，我很开心，我终于明白茶书在玩的心态中去写就可以了。夜晚归家，情不自禁地把白天聊出来的灵感，借着酒劲儿，一气呵成地写下来，聊以为序。

林贞标

2018 年 4 月 8 日夜，于酒后记而念之

玩味茶

论本书书名为何要叫『玩味茶事』

《玩味茶事》这本书写了停、停了写，并且多次更改书名。正因没有确定书名，所以我在写的过程中好像没了方向。每个人都有自己的写作习惯，对我来说，定一个书名其实就是给自己定一个航标灯。

最早也起了一些书名，但都因各种因素而放弃。直到有一天跟汕头大学的徐岚教授和奇真老师在一起喝茶聊天时，我和徐教授吐苦水说最近写茶书没方向写不下去，也聊到了书名和写作风格，徐教授笑着对我说："标哥，那是因为你对茶这件事看得过重，难以自拔。你何不用一种'玩'的态度去看、去写呢？虽然写书力求严谨，但是茶既是一种物质，也是一种生活方式，茶的密码千百年来都很难用一个放之四海而皆准的标准去评判。你只要把你的所见所闻、经验和认知真诚地表达出来就够了，没有对错之分。"

听君一席话后，我豁然开朗，当我用"玩"的心态去写茶的时候，真正的茶味才能出得来。当然可能有人会问："标哥，你把写茶书这事当成'玩'，那不是不正经了吗？"

其实“玩”是一种生活态度，是用一种放松的心情去做一件事。当你用一种放松的心情去分析、去看茶这种物质时，你就能客观、开放地去探索。“玩”不是说大话，也不是空谈。对于茶的玩味，我期望在玩味的过程中体验真实的东西，玩出一份思考，将一杯茶玩出浓淡之分、甜苦之别。

比如在我多年的玩味心得里，好茶的品质之一就是一个“淡”字，滋味饱满不等于浓厚。比如春茶，由于春季茶树的氮代谢占优势，所以茶叶中氨基酸含量较高，降低了酚氨比，决定了春茶新鲜爽甜的口感。这种口感是其他季节的茶叶无法比拟的。很多老茶客不明白昂贵的明前茶为何会“很淡”。其实只要我们明白决定一杯茶汤浓淡甜苦的几个因素，就能够很好地认知这一问题。茶多酚，涩;咖啡因，苦;茶氨酸，甜、鲜爽。通常，越贵的茶，其茶氨酸含量越高，甜度、鲜爽度自然也越高，苦涩度也越低，因此就越会让人觉得茶淡。价格便宜的茶则相反，比如夏茶的咖啡因较多，茶多酚氧化不充分，苦涩度高，对味蕾的刺激性大，就会让人觉得味道浓。越名贵的茶，其内含物质越丰富，但浸出速度也就越缓慢。这也是高端茶前几泡没什么味道且耐冲泡的原因。越是好茶，香气越清幽，口感越顺滑，其韵味、持久度、耐泡度也都越绵长。

这些点滴的认知都是我在多年不经意的“玩”中得出来的。做一件事，除了它是谋生的手段这个因素之外，其余能让人坚持下去的原因一定是好玩和有趣，因为一旦觉得好玩和有趣了便会感到快乐。我特别希望这本茶书能带动更多的人快乐地去喝一杯茶，用一种玩的心态去喝好一杯健康的茶，与我一起在玩味中明白更多的茶事。这也是我为什么要给本书取名“玩味茶事”的原因。

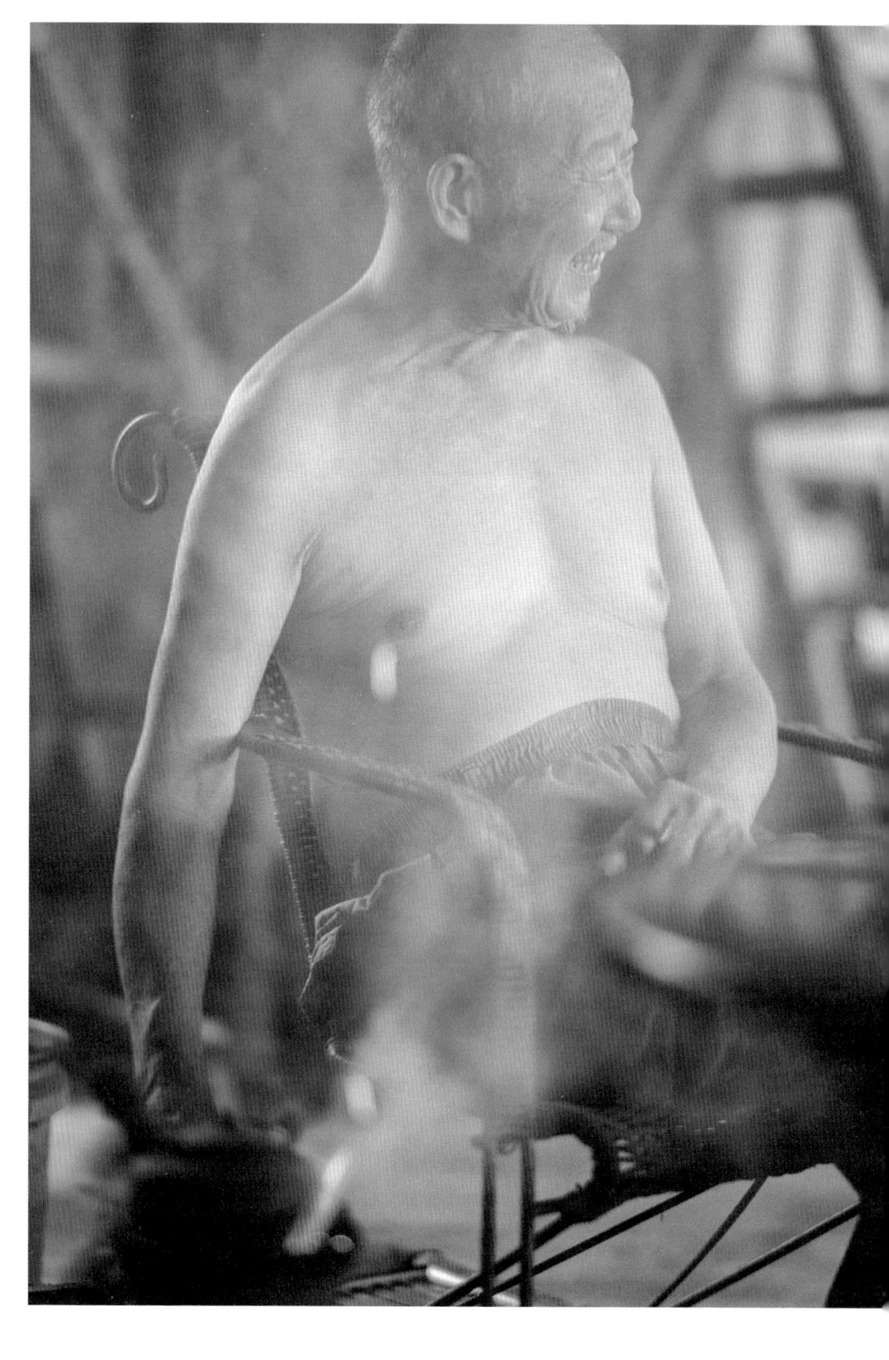

潮汕工夫茶之我见

天下茶馆者，何处最盛？潮汕大茶馆是也。

潮汕从粤东最高峰凤凰山山顶开始，往平原至沿海，每至一处，无论达官贵人还是贩夫走卒，无论华府、庙堂还是街边小店、乡野草间，随处是茶。人来人往，迎客、送客总是以茶为先。“食茶”成了潮汕最常用的客套语，可见茶是潮汕人日常生活不可或缺的一部分。

生活习惯的形成，有其特定的缘由。但是许多一知半解的文化解释，生搬硬套地往地方文化上靠，甚至无中生有，以美化自己，这是极不负责任的。关于潮汕的茶文化，我无法追根溯源，只想把查找到的点滴资料作为茶余饭后的一点谈资，供喜欢研究茶文化的朋友参考。

潮汕工夫茶由何而来，我找不到让人信服的线索。关于潮汕工夫茶的文字记载也是少得可怜。明万历年间的《潮中杂记》有言：“潮俗不甚用茶，故茶之佳者不至潮。”这简短的一句话表明潮汕工夫茶彼时还未兴起。真正提及潮汕工夫茶者为清朝初年的《潮嘉风月记》，不过书中所记载的只

是只言片语，加之后人对工夫茶有不同的解读，使它的由来更加扑朔迷离。过去泡工夫茶最重要的茶壶——孟臣罐，是一重要物证，其作者是明朝末年的江浙人士。近年来，关于工夫茶，一些论著强调的活火烹煮，早在明朝时屠隆所写的《考槃余事》一书中就被反复提及，也非本土潮汕工夫茶独有之法。清朝的《饶平县志》中记载 :“粤中旧无茶，所给皆闽产。”直到近代潮汕的工夫茶还是以闽茶为主，20 世纪八九十年代饶平的白叶与凤凰单丛才开始兴起。从 20 世纪八九十年代直到 21 世纪初，潮汕人对茶的追求以浓酽饱满、重火的刺激性口味为主。品者也是近年才得到普及。

从以上碎片式的记载来看，许多源远流长的潮汕茶文化其实都是牵强附会。不管工夫茶是怎么来的，只要以正视历史的客观态度去探索、研究就行了。如今，这种工夫茶全民化和普及率提高本身就是一部独特的当代茶生活史，而潮汕就是一个全民大茶馆。

2018 年端午夜，龙须水大时

A16
小胡巴这么能赚钱
立刻有人和它签约

我心目中的茶道

时光飞逝，转眼又到了月白风清的中秋之夜。“每逢佳节倍思亲”，我没有多少亲可思，在节日里总喜欢躲起来，静思或者写点心得。

前段时间写了一些关于茶的文章，准备在春节之前出版。东拉西扯地写了不少,但有一样东西一直不愿提及,那就是茶道。许多朋友一介绍我就会说：“标哥是精通茶道之人。”也有很多人一和我喝茶就大失所望地说：“标哥，你这算哪门子茶道呀？用具器皿少得可怜，没有仪式感，甚至有时直接用大玻璃杯泡茶喝，真是有损茶道美名。”每逢此时，我只能是一笑置之，因我心中的“道”和他们所说的“道”相去甚远。

我是一个俗人，在生活中多花了些心思在吃喝上，察觉万物的变化和生活的细微处，加以合理微调，让生活更加简化、轻松、愉悦，本不该妄加论“道”。但当今各“道”纷行，我也不得不论一回“道”了。目前国内流行的茶道，我认为非“道”，顶多算是“艺”，以茶为名，卖艺为生。多数人认为，道袍马褂、奇杯怪盏就是茶道。然而“道”由心而生，道法自然，道生万物，茶本身便是“道”。我们需要明“道”，方能行“道”，

世上某些美好的事物往往是金玉其外，败絮其中

道者最终是要提供给我们更加舒适的方式。

很多以茶为名的所作所为跟“道”是沾不上边的。比如，设计茶叶包装者，不明茶性，做出的包装要么有异味，要么容易把茶叶压碎，要么不够密封；生产盖碗者，不懂人体工学，在泡茶时盖碗怎样握着舒服不烫手，盖碗容量多少，放多少茶、多少水合适，这些因素没有充分考虑，所做的东西自然离“道”甚远。

万物有一个中心点，茶道的中心就是茶，所有工具、方法能够为茶服务，那就是明“道”。流于形式，外表装衬起来的不叫“道”。真正的“道”，是在明白“道”的中心点以后，在合适的地点，用合适的方式自然地呈现，让人们愉悦地享受，这就是大“道”。

有人指责我用大玻璃杯泡茶这件事，我想说的是，我心目中真正的茶道就是这样。用大杯泡茶是千百年来大众的饮用习惯，也是最方便的饮用方式。不过它也存在致命的缺点，比如泡茶用的水是滚烫的，一杯茶要等凉下来才能喝，有时客人都走了，茶水还没有凉；还存在一个不雅的细节，用玻璃杯泡的茶，茶叶浮在水面上，每喝一口总会含进几片茶叶，又不得不往杯内吐，几个人一起喝茶时，老是伴着“呸呸呸”的“交响乐”。从多年的观察和实验中，我竟寻到了简单的解决方法——在泡大杯茶时，先用半杯滚烫的水将茶叶泡 30 秒，然后再兑进半杯冷水，这时茶水冷热适口，浓淡相宜，最重要的是解决了茶叶浮在水面上的麻烦事。泡茶用滚烫的水，热气上冲，茶叶都往上跑，此时兑进冷水，因冷水重，马上带动茶叶下沉。这时一杯温度合适、汤色清澈的大杯茶就可以尽情享用了。当然，也有个别茶叶沉不下去，但那是相对少数的。

2018 年，中秋之夜

于茶痴工作室

特级鸭屎

『扯』点不懂装懂的事，怎样判断茶是好茶

这篇文章的标题有点长。本来我写书的原则是不写严肃的问题，没办法，经常有朋友问我："标哥，你跟我说说，究竟要怎样判断茶是好茶呢？"我认真地回答："茶看起来干净，喝起来香甜味美就是好茶。"他们听了不以为然，觉得我不是敷衍，就是腹中无物。没办法，我只好借此说说怎样判断茶是好茶。

外观。茶叶的外形千奇百怪，最常见的有条索形、卷曲形、长条形、圆形。无论茶叶的形状如何，都是从茶叶的条索、老嫩、粗细、轻重、整齐度去评判。通常以条索纤细紧实、空隙小、体积小者为佳，粗大宽松者为次。总的来说，不管是什么形状的茶叶，只要是紧实、沉甸甸，没有黄片、粗枝的，都不会差到哪儿去。

光泽度。不同产区、不同工艺的茶，很难主观地去说哪种颜色的茶是绝对的好茶，但是有一点可以对茶进行客观评判，那就是茶叶的光泽度。不管是什么颜色的茶，只要看起来光亮油润、有质感，便是好茶。

干湿度。各类茶叶的含水量标准是保持在5%—7%,超过8%茶叶易陈化，超过12%茶叶易霉变。时下有很多茶农在制作毛茶时故意把含水量控制在百分之十几，这样茶叶的重量就会增加。这种毛茶在刚出炉试喝的时候会感觉很不错，但过段时间味道就全变了，因此茶叶的干湿度非常重要。我介绍一个用手测茶叶水分的方法：抓一大把茶叶在手里反复紧握三次到四次，在手里有刺痛感，听到类似枯枝折断的声音时，茶叶的含水量一般不会超过8%；而含水量在10%以上的茶叶，紧握时手心没有刺痛感，茶叶有点松软，闻之青气较重。当然，买到含水量高的茶叶也有补救的方法，就是将茶叶放置在开着冷气的空调房里，这样既能去除茶叶中的一些水分，也能阻止其快速氧化。

汤色。汤色是指茶叶冲泡后茶汤所呈现的色泽，分正常色、劣变色、陈变色三种。正常色，指正常采制条件下制成的茶，冲泡后茶汤呈现该有的正常颜色。比如，绿茶或青茶冲泡后呈现绿色或绿中带浅黄（也称鹅黄）色；红茶则呈现红汤色或金黄汤色，红艳明亮。劣变色，指由于鲜茶叶采运或初制不当，造成茶汤难以呈现该有的本色。比如，劣变绿茶的汤

东方美人

色呈现灰褐色或黄中带红色。陈变色，指因制作过程中的陈变导致茶汤难以呈现该有的本色。比如，茶叶杀青后没及时揉捻，揉捻后没及时摊凉或干燥，都会使新茶的汤色呈现陈茶色。制作得当的新茶，汤色明亮，晶莹剔透；陈茶化的茶，则汤色黄褐灰暗，浊气横生。

以上为“察颜观色”之点滴见解，下面再谈谈茶叶内质之魂。

嗅香。不同的土地、气候、品种、制作工艺，使各类茶的香气各具特色与风格。整体可归纳为纯、浓、鲜爽、平、粗五大评判要素。

纯：香气清纯，没有杂味与腻感。

浓：香气浓烈、绵长。

鲜爽：香气新鲜，嗅之使人有神清气爽之感，如身临高山或生态环境好的地方，有在高负离子空气中的感觉。

平：香气平淡，无杂异怪味。

粗：有香，但香中带杂，呛鼻，有辛辣感。

福鼎白茶寿眉

安吉白茶

狮峰龙井

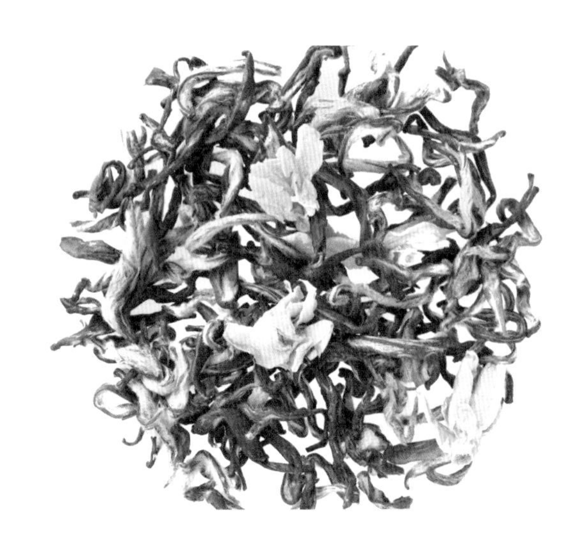

特级九窨茉莉花茶

清香铁观音

太平猴魁

安吉白茶茶汤及叶子

香气的持久度也是评判茶品质的一个因素。我将好茶的判断标准浓缩为简单的四个字——清幽淡雅，而茶的持久度就体现在“幽”字上。“幽”，指茶的香气幽久绵长。

关于嗅香我总结为:清者为纯,香而不腻为雅,淡而有味为幽。有此特征者,好茶无疑也。

再来聊点品茗的滋味感。滋味，指饮后的感觉。醇正好茶滋味鲜爽、醇和、幽香、回甘。次等茶饮后滋味体现为苦涩、粗杂、刺激性强，也有人把这种表现理解为浓厚、回甘力强，特别是潮汕老一辈的饮茶者常把这种劣味刺激的体现描述为“有肉”“饱嘴”“够力”。

有时茶汤口感不好，可能有水粗的原因。水粗不是一种感觉，而是事实。有时，我们感觉在即饮茶汤后，舌面或舌底有附着物，使舌面有粗涩感，这是因为茶汤中的颗粒物较多。颗粒物的来源有两方面：一是茶叶加工过程不卫生，有灰尘、沙土附着，或用炭火烘焙不当造成木灰颗粒，这属于外来的粗颗粒物；二是颗粒释放关乎茶质，比如低海拔生长的茶叶因气温高，生长速度快，叶片肥厚而纤维不紧实，经过制作与高温烘焙后，一经浸泡，茶叶边缘的碎屑与颗粒就会溶于水中，使茶汤中颗粒物变多，茶汤变粗，这属于内生的颗粒物，饮后会有滞钝、涩口感。

前面讲了几个评茶的基本要素，从茶叶的形状、外观、光泽度到汤色、嗅香、口感，最后聊点对叶底的评判。

很多人喝着茶，不管懂与不懂，都会把盖碗拿起来嗅一下，然后用盖子戳一戳茶叶，这个环节的专业术语叫“观叶底”。观叶底也是评判茶叶等级的一个方法。一般来说，叶底首先看的是颜色，制作到位的茶，在充分冲泡后，叶片舒展开，颜色均匀一致，不会一边是红色，一边是绿色；叶片质感油润，没有明显的爆点或焦煳点，叶片完整度高。有这样的叶底即为好茶。当然，茶叶文化博大精深，并不是所有的茶都一样。一些特征明显的茶，如桐木关的金骏眉，历经二十多泡水后，芽头依然挺拔，每个芽头光亮、粗壮，像红缨枪头一样；如果是关外或江西的绿茶芽头做成的

有时鼻子比嘴好用

金骏眉，冲泡几次后，所有芽头会软趴趴地贴在一起，再也挺不起来。

当然，这些需要有丰富经验或专业从事茶研究的人去评判，普通茶客没必要花那么多精力去研究这些问题。

岩茶

金骏眉

普洱

六安瓜片

潮州凤凰山土

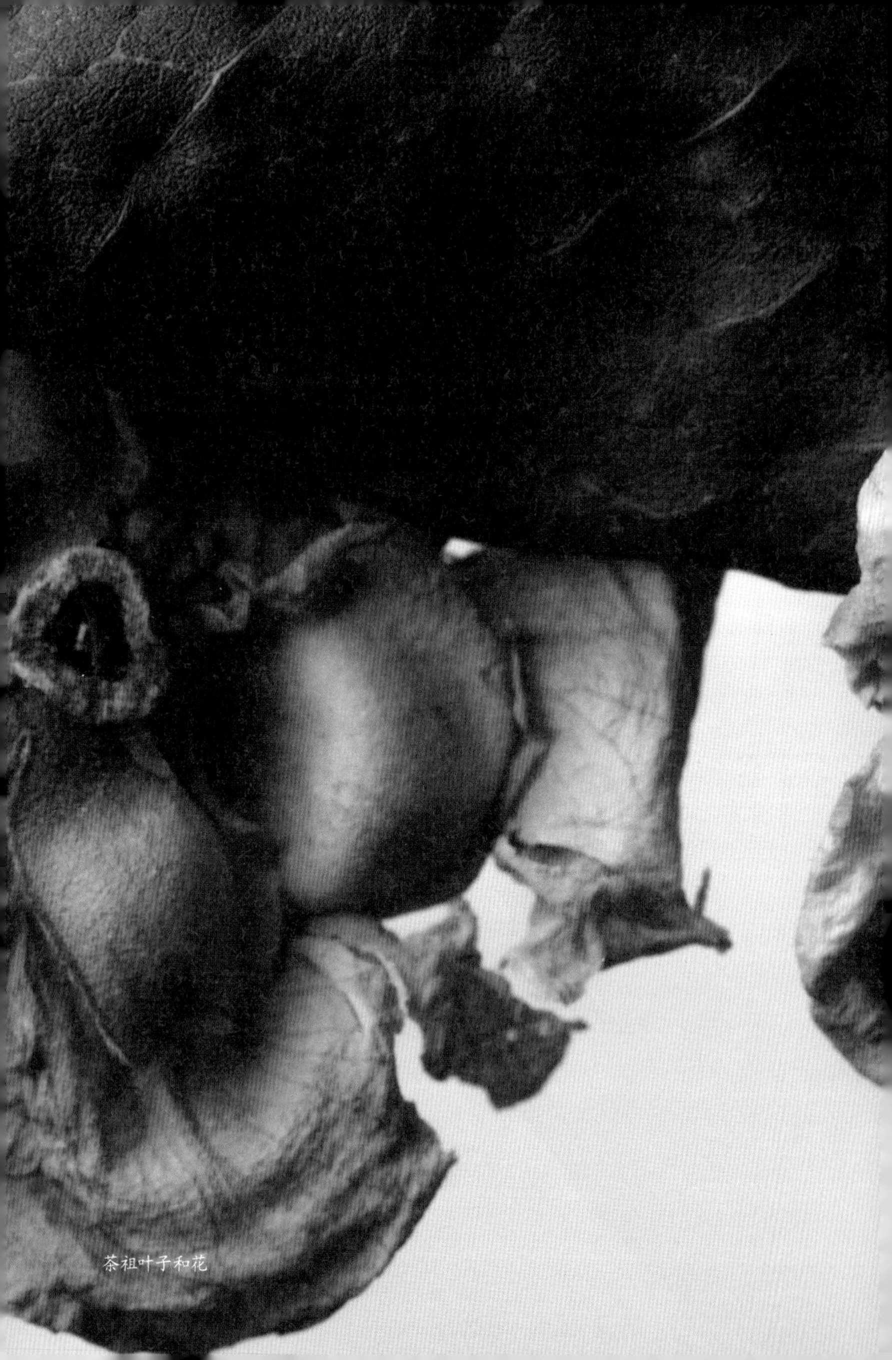

茶祖叶子和花

喝茶，就要喝好茶

我穷尽半生精力只是知道了一点茶味，略懂一些风土茶韵。我爱上喝茶，其实原因很简单。刚开始时，只是潮汕有喝茶的习惯。那时喝的是一种状态，一种消磨时光的手段，后来慢慢地变成一种口舌之欲。那时物质贫乏，经常口中无物、寡淡无味——这种感觉施耐庵在《水浒传》中的描述最为经典，李逵的口头禅："哥哥没酒没肉，口中淡出鸟来。"因此，潮汕早期的浓茶热饮应该也有这种需求，烫嘴也是一种快感。加上粗茶的苦涩浓酽而后回甘，使其成为一时解馋的不二选择。

如此这般地喝了十几年茶，自以为成了茶中高人。直到有一天，喝了十年铁观音的我才明白：其实我不懂得什么是铁观音。在遇到一个安溪（铁观音故乡）的忘年交后，我明白了茶只有两种——好茶和劣茶。好茶能调理肠胃，有益身体；劣茶却会伤害身体。在跑了无数茶山，喝了数不清的茶种之后，我才知道原来市面上所售的铁观音已经变成一种代名词，所有制成紧密圆粒形的茶叶都叫铁观音。实际上，铁观音是安溪茶产区中的一个优良品种，市面上大多数为本山、毛蟹、黄金桂、梅占等品种，却一律叫"铁观音"。

舒城小兰花

蒙顶甘露茉莉花茶

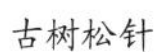

古树松针

天目湖白茶

更远的我去过四川雅安。“扬子江心水，蒙山顶上茶。”蒙山甘露是记载中人工培育茶树的始祖。虽为细叶种,但树干挺拔,主干分明,树高超过五米。因此，我明白了茶是根吸大地万年之化物，叶收日月雨露之精华。什么是好茶，自然之美为好。可惜，人类的聪明是把双刃剑，为了生产方便和经济效益，把茶驯养成菜，茶树驯养成盆景，密密麻麻的一片又一片。这样的茶已非远古的茶，只能算作菜茶。幸好，中国幅员辽阔、地大物博，总有些地方还保存着远古的精灵，比如云南的老树大叶种普洱、潮汕的凤凰单丛茶，还有广西一些深山里几百年的茶树。

这些年，我努力让自己喝茶不带有个人偏好。喝一地的茶，感受一方水土的韵味，领略当地劳动人民用智慧总结出来的工艺风格，明白些好茶的简单概论。例如，蒙山的茶，香而清冽，冷若冰霜，冲泡后芽头挺俏，仿若冰封千年的美人，这和气候、土质有关。但同样是小叶种的绿茶，生长在江南一带，其气候与风土就大为不同，如安徽六安、太平猴魁、舒城小兰花、都匀毛尖、西湖龙井、天目湖白茶等，大多是香而甜润，隐隐有江南富贵之气，若大家闺秀。不过，相比西南或者云贵一带的茶，江南这些绿茶虽多了一分甜润，也带来了一分媚腻之感。因此，到了西南、东北、京津等地便多用花香入茶，产生了窨花茶工艺，以解云贵川茶的清冽寒烈之气。多饮江南新茗，便思云贵高原古韵，此为一方水土养一方之物。

一片叶子，无论是何品种，只要其生长之地有足够的氧分，生态环境良好，这片叶子便能作为媒介传递给人们一杯草木精华。因此，好茶饮的是水土精华，自然之美。何谓好茶？自然之味，老小皆宜，清幽淡雅是也。试茶者先让孩童饮之，孩童无他心，唯真，小孩子喜欢的就八九不离十了。浓腻苦涩、五味杂陈，小儿闻后避之唯恐不及，这肯定就是劣茶。好茶清香沁人心脾，使人神清气爽；劣茶气息浊重不堪，久饮嗅味尽失。在条件允许的情况下，喝茶还是喝好茶吧。

我在泡着茶，你在我面前点一炷香，你当我是神还是鬼

不知从何时起，华夏大地，文人墨客，特别是个别茶客，流行起了玩香，他们称其为“香道”，玩得晕头转向，钱也花得不亦乐乎，对此我不得不吐槽几句。

前些日子，一群茶友相聚。席间，一位有些日子不见的老朋友神神秘秘地从包里掏出一个物件打开，跟我说：“标哥，跟你玩个‘高大上’的。”然后，架上一托盘，插上一炷细长的香点上，让我仔细观察烟雾的流向。瞬时，飘出一股刺鼻的化学气味，呛得我差点流出眼泪。我拿起一杯茶，赶紧往香上一浇，问老朋友：“你在我面前点一炷香，你当我是神还是鬼？”老朋友急忙和我解释：“标哥，这是我刚从台湾学回来的‘香道’，喝茶时点上是非常好的。”我忍不住说：“‘香道’我不懂。你能和我说说，中国早期的文人玩的香主要是做什么用的吗？你明白什么是‘道’吗？你不明白香的主要作用是什么，怎么能谈‘道’呢？”

所以，不聊茶，我们谈点香吧。反正我这个真不懂的人和一群装懂的人一起聊聊常识也未尝不可。香最早有两大功能，其一为计时之用，其二

为洁净环境之用。古时，文人雅客茶聚，追求窗明几净，室有暗香，特别是在贵客来时，更要洒水降尘，以素净之地迎客方为尊重。

比如，约客人申时三刻至雅室聚茶，需提前一个时辰把雅室收拾干净，然后紧闭门窗，焚上一炷檀香，这香一般燃两刻钟左右，燃完自动熄灭。客人到来前两刻钟时，把门窗打开透气，并把香炉移走。待宾主落座后，捧上香茗，茶香中有淡淡的檀香痕迹，窗外凉风暗袭，家燕绕梁，或不经意一声秋蝉低鸣，或偶有茶童侍碗叮咚如雅乐，写不尽窗明几净雅室，低笑轻语茶有韵。岂是当面焚香，烟雾起，错把雅室当神台？

学习某样事物一定要析性明物方可为之，切忌人云亦云。

2018 年春

于接待一群玩香茶友之后有感，写于茶痴工作室

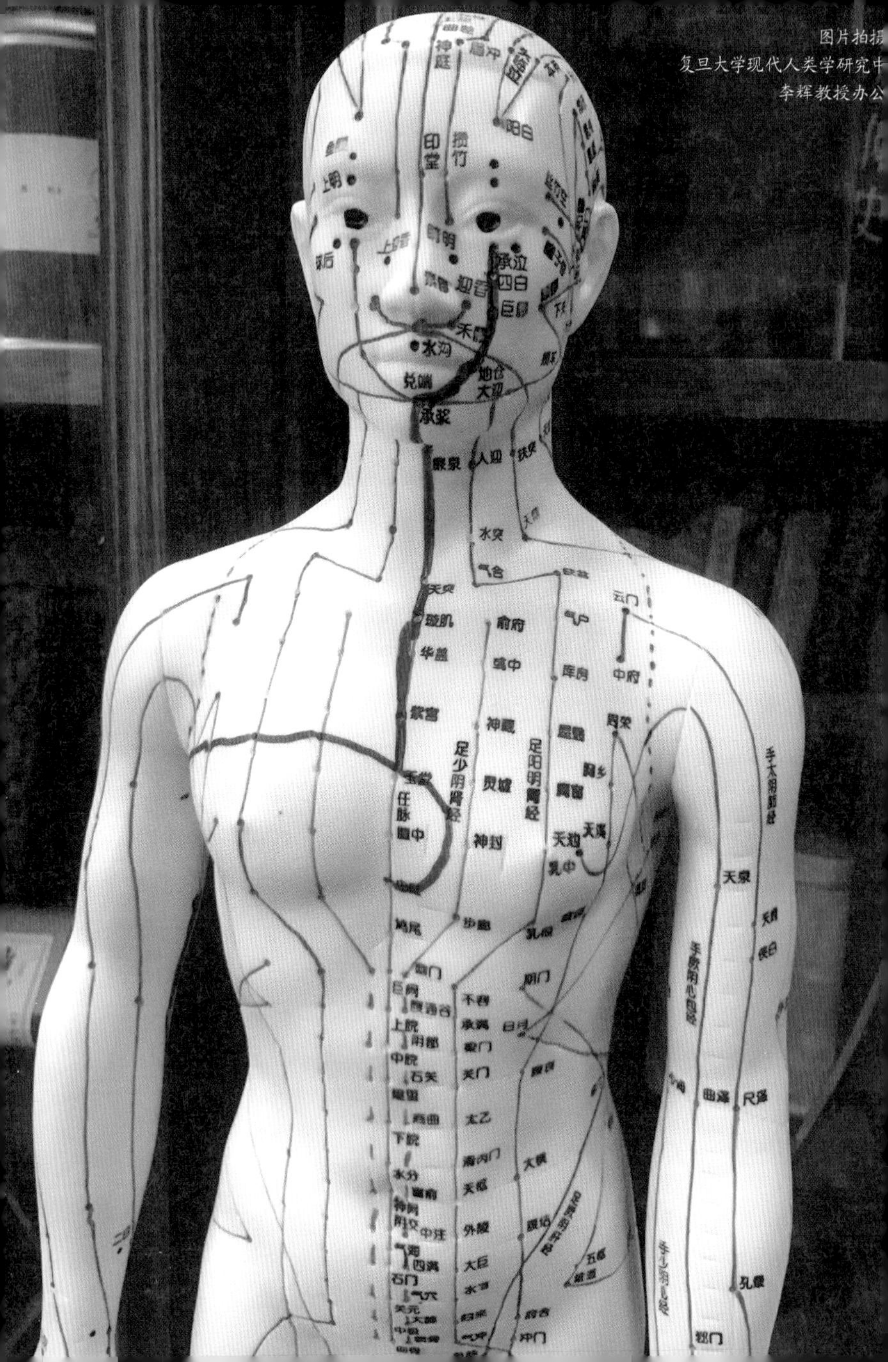

图片拍摄
复旦大学现代人类学研究中
李辉教授办公

科学与茶的相遇

因茶与李辉教授相识。

在李教授组织的某场茶宴上，一位女宾客拿出我的单丛茶让李教授品。起初李教授不以为意，待到水开茶出，李教授即眉飞色舞起来，当夜李教授便乘兴写下美文一篇以记之。此时我和李教授尚未相识，文中有些细节和一些对我的描述与现实有所出入。为了尊重作者,同时自己偷个懒，我将原文搬上，不作更正，一并附上李教授的个人成就、所学专业和研究成果。在此我就不多嘴了。

李辉，字紫晨，复旦大学生命科学学院教授、博士生导师。

竹叶单丛

千丝竹沥清如月，

万缕兰馨冷若风。

岂恨人间无所爱，

亭亭一树幸相逢。

2017 年 3 月 28 日

诗威携来极品好茶一泡，欲炫于我，初见知为凤凰单丛，心中暗疑，何奇之有？待冲，清香冷射，如月光，如兰草，不可稍滞。饮之，其味更异，若竹沥之鲜爽柔滑。品其气，虽凉，不似他种岩茶之生硬锐寒，入于胃，如夏夜清风拂体，令人百骸俱轻。方言此乃单丛圣手林贞标监制之私茶，等闲不可得之。其叶采自其挚爱之一树单丛。贞标爱此树之甚，不可稍离。古有梅妻鹤子，今者茶妻可喻之也。据言，贞标年少纵横商界，应酬无数，故而伤胃，虽爱岩茶之香，奈何胃不可耐其寒，遂思制成己可饮之茶，潜心试验，独有一树，方成此品。故此岩茶实则洗尽铅华，归隐竹林，如坐而谈玄之高士，清冷不可忍丝毫俗气者。欲得其道，必先爱其物。唯茶如其人，盖茶之而人茶合一矣，必得其道矣。

自那夜喝过单丛之后，李教授便念念不忘了。过了一年，他通过上海的茶友诗威联系上我，自此我们结下了不解茶缘，也让我对茶的魅力和神奇更多了一份憧憬之情。取得联系后，我应李教授之邀前往上海复旦大学与其一叙。

李教授温文尔雅、气质超凡。我一进李教授的办公室就被室内摆设——一尊标满经络穴位的人像吸引住了。李教授见我不解，含笑告诉我，他在研究茶气与经络之间的关系。

在李教授这里见此物居然和茶有关，我的探索之心又被燃起。李教授的实验室让我很是震撼，有各种用来做实验的小白鼠，各种我看不懂的超大仪器、光谱仪等数据记录……李教授介绍说，他爱茶，正在做一系列实验，研究茶的密码和人的基因之间的关系，哪款茶走哪个经络，等等。

近期，李教授团队在全国各地收集拍摄各种茶，以及跟茶有关系的人，并希望不久的将来能到汕头来和我探讨茶的密码，我真是求之不得。原来我只是盲人摸象，摸到哪儿是哪儿。如今能与李教授结识，相互探讨茶，真是三生有幸。于是，敲定日子期盼李教授临汕。

不日，李教授如约赴会。与李教授共饮两日，我把凤凰单丛从小树茶泡到古树茶，从新茶泡到 20 世纪 70 年代的老茶。李教授惊叹不已，连呼岭南有佳木。

惜乎畅谈时短，匆匆两日意犹未尽，只能暂别。李教授让我静候佳音，期待在科技的引领下，我能对茶的认知更进一步。在此也感谢上海茶友诗威的引荐。

2018 年 6 月

初识李辉教授记之

绿茶中的奇葩：安吉白茶

大概是在2000年的某天下午，收到好友从上海寄来的一盒茶。记得那天天气炎热，事务繁忙，心烦气躁，故没把那盒茶当回事。两天后的下午，我想起了那盒茶，便随手抓了一小把用大盖碗泡了直接喝。当水冲下，茶叶在盖碗中翻腾的一刹那，我被惊呆了。瞬时一股清香如从竹林中吹来，似兰非兰，水汽中带着丝丝清甜。通常我对朋友送的茶礼不会抱太大期待，但这茶还没入口就已令我神魂颠倒，惊诧不已。等水温退去，茶叶泡开时更加美不胜收。每一个芽头分成两小叶，叶片薄如蝉翼，在水中翩翩起舞，如兰花仙子一般。汤清叶白，端起碗喝下一口，如饮甘露，妙不可言。我赶紧打电话询问朋友："此为何茶？"朋友笑答："湖州，安吉白茶是也。"她说这茶也是他人所赠，转过好几手了。

寻茶无果，难得所愿，只能去翻阅一些资料和途听一些典故。原来，安吉白茶出自茶仙陆羽隐居的地方——湖州。宋徽宗在《大观茶论》中记载："白茶者自成一体，芽黄不多，尤难蒸焙，汤火一失，则已变常品，须制造精微，运度得宜。"这是能够找到的关于白茶最早的记载，此论究竟是针对以白茶为名的湖州绿茶，还是福鼎白茶而言，都不重要了。重要的是，据当地茶农口述：到了 20 世纪 80 年代，在安吉县天荒坪镇大溪村横坑坞的半山竹林中，农科人员发现了一棵老茶树，其生长在海拔八百多米的地方，估计有上百年树龄。在明前发芽及初开片时，茶叶色白如玉，薄如蝉翼；采摘后采用绿茶的烘青工艺制作；成茶后干茶茶色微绿；冲泡后转白色，汤色鹅黄，味道鲜爽、甜润。大家都认为这是一个茶种的优良品，按其形和借历史上的记载，命名为白茶。

我认为茶树会根据其生长环境和周围生态体系的变化，不断改写自身基因。这株老茶树生长在竹林环绕的地方，受阳光照射时间短，阳光是光合作用的必要条件，长期缺乏阳光，无法合成叶绿素，老茶树的基因便慢慢地开始变化。关于汤水的清甜，我认为是生态的关系，在竹林周边生长的植物多鲜爽而清冽，故而有安吉白茶多饮而微寒的说法。近年来，安吉白茶在市面上渐受追捧，据说是茶氨酸含量最高的绿茶，也是这个原因，饮之鲜爽。但是，我认为茶汤清甜是因为缺乏叶绿素恰好减少了叶绿素所带来的青涩。

然而,真正让我感到惋惜的是,随着市场化进程的加快和种植环境的改变,当年我对白茶清纯如初恋般的感觉再也找不回了。现在能到手的安吉白茶,带给我的体验多半是从风月场从良之后的风尘女子假装出那一丝羞涩的感觉,却不经意间露出阅尽人间烟火的老练。

有时,我泡一碗茶端起来,喝得五味杂陈,真怀念当年初遇时翩翩起舞的小白,仿佛那一片云雾缭绕的竹林笼罩在夕阳西下的黄昏中……

2017 年初春,细雨纷飞

念安吉白茶初现江湖时

鸭屎香逸事

鸭屎乃凤凰单丛中的一个品种，其产量高、虫害少、香气高扬，自20世纪90年代开始在凤凰山大面积种植推广，成为单丛茶中的佼佼者。“鸭屎B”顾名思义就是鸭屎中的二级产品，但在我书中的这个“鸭屎B”，是个人，不是茶，只是以茶名代其名。

“鸭屎B”兄是东莞人，自名雅诚。因爱茶，在东莞开了一家大茶室。早年夫妻俩专攻普洱茶，对于茶、美食和烹煮之道有着不一般的执着和追求。日久，终在东莞茶界和美食界有了不凡的知名度。夫妻俩夫唱妇随，常于人前秀恩爱，配合默契，我称之为“套路夫妻”。

吾与其相识缘于微博，俗称“网友”。一次，我在微博上晒出了我在安溪的铁观音试验基地，雅诚在微博上留言，问我：“能赐两泡铁观音试试吗？”我说：“没问题，要不要也试点当地产的单丛茶？”雅诚竟然很不屑地说：“我喝了很多凤凰茶，没有能喝的。”我说：“如果你懂茶的话，那是你没喝到真正的好单丛。”雅诚听完后要求我寄两泡给他试试。第一次我随意地寄了很普通的鸭屎给他，谁知，雅诚一喝兴奋不已，马上打电话给我，

问我："这单丛是你做的吗？"我说："是呀，怎么了？"他说这是他喝过的最好喝的单丛茶。我说，这只是我这里最普通的茶而已，平时自己是不喝的。他一听，以为我在吹牛，问我，那如果这样我们去找你聊茶可以吗？我说，欢迎。第二天，雅诚专程从东莞开车到汕头。结果我们一见如故、惺惺相惜。

因爱好理解相同，特别是他们夫妻让我再一次相信了爱情。虽然他们夫妻俩"套路"有点多，经常把我的好茶"套"走，但是"套路"里面有真情，我们成了肝胆相照的挚友。自此，雅诚夫妇放下了十年的普洱情怀，迷上凤凰单丛茶，经常给我打气说，凭他们俩的认知和对茶的理解，世界上最好的茶就在我这里，让我好好珍惜自己对茶的理解和能力。因为有挚友的认可和鼓励，我才有信心在这茶路上不断探索前行。

雅诚兄是个非常感性的人，在第一次喝到我泡的老八仙时，他激动得热泪盈眶，几度哽咽得说不出话，自此称我为"老八仙"，他自称"鸭屎 B"。他也是一个很真诚的人，逢人便说"老八仙"的一泡"鸭屎 B"就让他对茶的理解完全改观。这些年，我和雅诚夫妇从茶到菜地交流和探讨，不仅相互学习，而且得到了很多快乐。特别是“鸭屎 B”兄喝酒有时贪杯，微醺处，胡言乱语，握着女孩子的手不放，雅诚嫂子在边上宽容大度地笑笑说：“他喝多了就这样。”我只能说：“嫂子，我没喝多也这样。”

在茶的那点事上和“鸭屎 B”发生的故事远不止这些，容后再表。

他们说会做饭的男人是最帅的

让所谓的『茶专家』，『哭晕在厕所里』的凤凰茶名

曾有一位出过关于凤凰茶书的人在给学生讲课时说："凤凰茶有三个品种——一叫单丛，二叫浪菜，三叫水仙。"我一听感觉不对，这是某个特殊时期对凤凰茶的等级划分，怎么能把它当品种？如果按这个说法，那潮汕人也有三个品种：类似李嘉诚的叫"李品种"，类似中层富豪的叫"富品种"，余下的叫"人品种"。想到这里，我也"哭晕在厕所里"。

计划经济年代的采购员在采购茶叶时为了方便区分等级关系，用自己的理解方式将凤凰茶分出了三个等级。一、单丛。能做成单株的茶必定是大树，且这棵树品质要好，采摘天气也好，做工到位。其中，最重要的制作工序就是浪菜，也称为碰青，这是一个酶促氧化的过程，是制作单丛最费工也是最辛苦的工序，满足这些条件的茶可称为单丛。二、浪菜。这是以工序的代称来界定等级关系。因茶农觉得这些茶虽然没办法制成单株，但气质不错，采摘时天气也好，评估能做出香气的，值得花一晚的时间去浪它、碰它，所以算是第二等级。三、水仙。从品种系的总称来叫。因没适合的天气或感觉怎么花心思做也做不好的茶，就通通直接炒青重烘焙，而称为水仙。这是凤凰茶三个约定俗成的等级叫法，和品种

没有关系。

对于在凤凰山“流窜”了二十多年的我来说，除了几个品种特征比较明显的茶叶，如鸭屎、杏仁香、白叶、八仙，大多数茶的味道都是似是而非。同一个品种，不同的产地；同一个产地，不同一天采摘制作；同一天采摘，不同的师傅制作，茶叶味道都不一样。所以您喝茶，如果想弄懂凤凰山的茶名，那你得“哭晕在厕所里”了。

其实很多茶名是茶农自己乱起的，今年这棵树做得非常好，水甜有香曰宋种，无香没水曰水仙。茶农叫的名字只是为了迎合大多数喝几天茶就自以为是的茶人起的。所以玩茶、学茶三十年，突然发现在茶的面前，我所知的连皮毛都不算，由此也最怕人家叫我“专家”或“大师”。特别是凤凰茶大多数是散养，小乔木型，每一棵都存在变化的可能。到现在为止，我没碰到过一个真正喝得明白的专家、茶农。茶农自己也喝不明白，所以我总结一句话给读者：什么是好茶？清幽淡雅是也！

兄弟仔
茉莉香
茉莉香
肉桂香
草蘭
乌崇鸡笼刊
香番薯
乌崇茉莉香
乌崇柚花香
黄金桂
乌崇杨梅叶
乌崇蜜兰香
乌崇竹叶
乌崇芝兰香
楊梅葉
通天香

老仙翁
大葉
大烏葉
乌崬
大乌叶
群體
宋種仔
鋸朵仔
玉蘭香
乌崬
兄弟仔
烏崬黃枝香
桂花香
乌崬
天湖茶
乌崬
宋种
乌崬
老枞水仙
烏崬八
花香
乌崬
锯朵仔
乌崬
老八仙

头道茶喝与不喝

自小受到很多传统饮茶习惯的影响，冲茶时习惯把第一道茶倒去。潮汕饮茶有句俗语——头冲脚气，二冲才有茶意。人往往会就着某些习惯不自知地去重复着，不管是错还是对。随着对茶的研究和痴迷程度的加深，我有了更多的思考和体悟，慢慢对茶需要洗这个问题产生怀疑。

在 20 世纪七八十年代以前，潮汕乌龙茶的制作工艺主要是靠人工，还没有机械化，在揉捻时是用脚的，人们想当然地就觉得需要洗一遍茶，这是心理上的自我安慰罢了。而多数人误以为洗茶能洗掉农残，其更是可笑——农药多是脂溶性物质，一般是不溶于水的，如果农残能用一冲茶就冲洗得掉的话，就不存在农残问题了。

事实上，我们喝茶喝的是这一片叶子释放的物质。在第一道茶中，这些物质的含量是最高的，第一冲茶汤的有效物质占整泡茶有效物质的 20%，绿茶占 25% 以上，红茶占 30%。特别是绿茶、乌龙茶中的茶氨酸含量在第一道茶中更是超过了大半，这些都是第一道茶的好处。

不过，很多人觉得茶很脏，要洗。茶叶从采摘到成品会经历很多道工艺，大多数茶最后一道工艺是高温烘焙或者高温炒制，特别是乌龙茶要经过一二十个小时的焙制，这是一个杀菌的过程。况且，如果茶从源头上就不干净，那你洗一道也只是安慰一下自己。当然，在喝一些陈年老茶时，洗一遍也未尝不可，因陈年老茶表面可能有一些细灰尘附着物，冲洗一遍可以去除一些杂质，这是必要的。如果老茶保存密封性好，头道茶可是非常美妙的。

所以头道茶是好喝的，当然必须有一个前提条件——有靠谱的茶。

京华茶事

六月，还是初夏。气温就像这个月一样，是儿童节的月份，好玩、有点闹，但又很开心。

约了北京的王医生 10 日帮我处理牙齿。这是种牙的最后一个工程——把牙装上，有些激动又充满期待。所以 9 日就提前飞北京了。

前几次飞北京订的机票，时间都在晚六点，但每次都延误好几个小时，有一次还被取消了，所以我感觉自己不适合“北漂”。这次订的机票是早上八点多钟的班机，我要看一下是真有命运这回事，还是规律问题。果真，运气这件事我觉得还是不靠谱，有些事还是可以思考和改变的，这次飞北京的早班机就准得不得了。后来跟空姐聊了一下才知道，原来北京机场一般到了下午四点钟以后就很繁忙，而且到了傍晚经常有雷阵雨，所以下午四点钟以后的北京航班就变得不靠谱了。明白了这个道理，今后我再“北漂”便早起。

9 日中午准时到达北京，朋友接上我，找了一家叫“小吊梨汤”的家常京菜小馆吃午饭，虽然午饭比较简单，但这家店的命名却给了我很多思考和启发。小吊梨汤，是用雪梨加蜂蜜煲出来的一道水果汤，几乎所有进店的人都会点一壶，这个店就是用这壶汤命名的。

其实，很多人缺乏的就是这种先把一样东西做好、做透，再用这样东西给人带来实实在在的体验和美好，顺便带出其他东西的意识。一样东西做好了，大家都会知道，就像小吊梨汤，是饭店还是餐厅都不用写上，人们一看便知，这就是底气。

喝茶亦然。很多人还没搞明白怎么评判茶的好坏，科学合理的冲泡方法是怎样的，就匆匆踏上了茶道的旅程，做了很多莫名其妙的动作，买了很多泡茶时用不到的东西，以为这就是茶道。

饭后，我们匆匆赶到奇人阿飚的茶室，恰逢徐岚老师和古瓷专家兰老师都在京，就一起约了个茶。近两年，每次来北京都会借用陆飚的茶室约茶会友。但发现今天下午泡茶不在状态，或是因为徐老师和兰老师的兴奋点不在茶上——他们在吃松子；或是阿飚这里的环境和气场发生了变化。因这一感觉，后来和阿飚便有了一场关于“真简”的私人对话，这是后话。这个下午我泡了一泡阿飚这里剩下的 2015 年的口粮茶——岩茶佛手，大家都说好喝、性价比高。喝茶时，徐老师依旧妙语连珠，连说带比画，欢乐无比。我在享受着徐老师这种无我和天真的幸福中迎来了北京的黄昏。因晚饭另有约，我匆匆辞别，草草结束了来北京第一天的茶约。

第二天，约了王医生十一点钟处理牙齿，时间充裕。起了个早，在住处——三环边的胡同小巷中散步，顺便吃了个早餐，一笼肉包子十个、一碗紫米莲子粥、一大碗豆浆，结账时付了十一元。京城人民真幸福，“高大上”和平民化都能享受到，这个价钱的早餐，即使在汕头这个四线城市也吃不到。

吃完早餐步行回酒店，看了眼北京的天空，发现蓝得非常可爱，心里不禁感谢老天每次来京都没让我碰上雾霾。非常开心地约了个车，直奔王

医生处。牙齿处理得非常顺利。所以我又开心地应了下午的一场茶约。

下午的茶约是与一位曾有一面之缘的茶友方兄。方兄气质儒雅，纸扇轻摇。不过我对方兄不甚了解，承蒙方兄不弃，知我来京专程接我去和几个朋友茶聚。

和方兄来到一个叫“华府会”的地方，是个非常奢华的会所。会所主人也是玩家，在会所挂了很多古琴，据说最贵的有三百万元。看到这些琴我就想起了刚才会所前面池子里的两只白鹅，接着又想起了一个成语——焚琴煮鹤，然后我很邪恶地想到了没鹤我就煮鹅，胡思乱想到这儿我差点笑了出来，但是出于礼貌，我憋了回去。

主人准备泡茶时，会所里突然鼓乐喧天，热闹非凡，原来是今天会所有大活动。此时方兄说，此处园中还有一木屋可以喝茶，我们即信步前往。方兄眼光果然独到，在闹市中竟然有这般好去处。

北京是个很好玩的地方，随便找一地儿，找一群人，聊着聊着人就老了，茶泡着泡着就黄昏了，隐约间好像听到我妈喊我回家吃饭了。

2018 年 6 月 12 日下午

记于 CZ6572 航班上

众生如戏

无常树叶

有一片树叶，叫茶。几千年来，在不同的时期，因为不同的需求，出于不同的理解，中国人用不同的方法“折磨”这片树叶，期望把它变成所期望的完美产物。但它是有生命的，不管使用什么样的方法，只要树叶的性质不变，它就会继续生命的进程，一直改变。

近来，很多朋友问我：“今天喝了某某的那款茶，怎么味道全变了？香气没了，苦涩有了。”我跟他们说：“你过两天喝它就好了。”因为这几天整个广东阴雨绵绵，空气中的湿度达到 85%—95%，在这样的环境下喝茶，茶的味道会发生改变，级别越高的茶变得越厉害。这里面关系到很多元素结构的专业问题，简单说就是茶多酚的氧化过程，左右着茶的味道和汤色。

很多加工手法都是为了让茶叶中的促氧化酶与茶多酚接触使其氧化，虽然大多数茶叶的加工过程中有一道杀青工艺阻止促氧化酶继续氧化茶多酚，但那只是暂时的，等到一定时间、一定湿度、一定温度时，它的很多物质就复活了。在湿度越大的环境下，茶多酚的复活性与张力变得越强。

这样的茶树才会让人心存敬畏

所以茶叶的生命存在着难以捉摸的变化，我想这也是它的魅力所在吧。

所以，一道好茶不要因为某一天喝了有别于往日的感觉，就觉得是被茶商坑了，这是不科学的。好茶产自高山老树，内含物质丰富，香气清醇高雅；但它也容易受外界影响而发生变化。不过，在经受种种考验后，它会还你一缕清香的。

许多人让我描述茶的味道，有时真的词穷，我只能和他们说：

当你有机会到了这里呼吸了这里的空气，你就明白什么是自然之味了。

老八仙采摘中

老八仙

这篇文章不是我写的，但被我收录到了书里。因为我觉得她读懂了我，特别自然而真实地描述了老八仙。

老八仙是我的命。它是生长在乌岽山海拔1280米处的一棵老八仙茶树，属于桂竹湖村，树龄过百年。单丛茶个性强烈，就算是同一品种，在邻近地块种植，单株制作出来的风味也是各有特性。这株老八仙附近也有几棵大的八仙茶树，唯独这棵茶树做出来的茶对了我的口味。

我喝茶的口味跟许多潮州茶客不一样，所以总是有种知音难求、有点孤独的感觉。我喜欢的单丛必然不会有着“馥郁”或者“高锐”的香气，至于“浓”“酽”“厚”“重”这几个字在我眼里不算茶的褒义词。我认为，香气分高低雅俗，浓而甜腻的香气是断然比不上缥缈高远的幽香的，那种若有似无，触碰到一点又抓不住的雅致，最是令人销魂。当然，用其他人的话来讲：标哥喝茶很淡。

淡就对了。真正的好茶，一定是淡到真水无香。喝起来似乎什么味道都没有，但又什么味道都有了。喝到了，直教人飘飘欲仙。所以保护自己味蕾的敏感度至关重要。

1

这棵老八仙，就对了标哥的胃口。初次见面时，台面上几次言语暗藏的交锋后，标哥祭出了他的老八仙。喝第一冲，第一口，就征服了所有人。那种又清淡又强烈的感觉让人忍不住闭紧了嘴巴锁住所有香气，只拿眼睛交谈，生怕多一口呼吸就跑了其中一层微妙的气息。层层叠叠，缠绕回转，从舌尖悄无声息地蔓延到鼻腔，一股兰花的气息上通脑门下通气道，真是令人绝倒。

看我们的表情，标哥就知道这泡老八仙没有明珠暗投。这时，话匣子才真正地打开了。

当然标哥也会遇到不爱这泡茶的人，只要观察到对方脸上没露出喜色，标哥就会很客气地把刚开始泡的老八仙整泡端走，放在旁边的架子上。“您不爱喝我们就换茶，换茶。”也可以说是尊重客人口味，其实更多的是心疼“牡丹遇到了牛”。

有时候标哥带老八仙出去和别人喝，喝完了，就掏出个粉红色的小保温瓶，把茶剩尽数倒进去带走。“唉，遇到不好好对待茶的人，就这么给丢到垃圾桶里，还不如让我带走。”他说。质本洁来还洁去，强于污浊陷渠沟。如果葬花的林黛玉在世，估计会和标哥成为朋友。

现在，标哥包了这棵树每年的产量。单株制作，一年不过四五斤干茶。除了给主人留两三泡，没有人能向标哥讨一泡老八仙带走。

话说,这棵老八仙本不属于标哥,而是属于另外一位“土豪”。标哥“茶痴”这个诨号不是白叫的，从第一次蹭到一泡老八仙喝过以后就再也忘不了它。标哥跟老茶树主人柯礼群大套近乎，与柯礼群约为女婿和岳父，估摸着柯家有三个如花似玉的女儿，娶到任何一个，拿老八仙做嫁妆……啊，日子真是太美妙！结果，柯家三个女儿先后嫁给了别人，而标哥等到的只是那个原来包老八仙茶树的“土豪”“移情别恋”。

话说，因那年天气不好，茶的品质一般，“土豪”不顾多年交情，压老柯的茶价，老柯自然不开心。这时候，“女婿”标哥一拍胸脯跳了出来：“我要了，你原来给什么价，我就什么价接手。”

这一义薄云天之举，使老八仙从此归了标哥。只是每次标哥见到自己的“岳父”，都得感叹：“现在是老婆没娶到，喝老八仙也要花钱，想想那么多年交情，竟然也是亏的。”

“标哥，每年的老八仙你都喝掉，还是存一点到来年看转化效果？”

“也喝，也存点。”

“存多少？”

“很少一点点，本来每年就那几斤啊。”

“那干吗不多存一点？现在老茶值钱啊。”

标哥倒吸一口凉气：“存多一点？！万一地震了怎么办！”

众人绝倒，开始“调戏”标哥：“标哥，问你一个很悲伤的问题，你的老八仙树有一天死掉了怎么办？”

只要想到这一点，标哥都会鼻子一酸，快要流出泪来：“那我可能真的几年都没办法喝乌岽的茶了。其实一辈子能喝到那么好的茶，也是一种不幸……”

“标哥，再问你一个很悲伤的问题，万一有一天你的茶室着火了，你带什么跑？”

“条件允许就带老八仙跑，不允许还是要自己跑。茶嘛，明年还会长……可是你为什么要认为我的茶室会着火？我的茶室就不会着火！”

2

标哥的茶室是今年才装修好的。除了室内部分，还有个大露台，今年山上有一棵老八仙茶树死掉了，被他千辛万苦弄了回来。十几米高的茶树，用小货车从乌岽山上运到汕头，又找了六个工人一层楼一层楼地抬到露台上放着。

标哥喝茶只有一个标准:是好茶就行。铁观音、单丛、普洱、红茶、绿茶，他都喝。能叫得上名字的名茶，他基本都有。

在这里喝茶，他会淡淡问一句:“喝什么?”意思是“喝什么我都有”。而一个人“点茶”的水平，估计会被他默默列为考察条件。

经验都是靠砸钱一点一点喝出来的。博饮众茶之后，标哥认为，好茶最终都是趋同的。

走过许多茶山的我们对这点大为赞同。标哥泡了一款传统的正味铁观音，里面竟然透出了太平猴魁的气息;他的老八仙，依稀让人想起易武薄荷塘;而那泡舒城小兰花里的滋味，和芙蓉山潘又来的实验天尖竟然不谋而合。

因此,标哥对时下关于茶的众多“标准”不屑一顾。在这点上,他和他的“岳父”老柯意见相左。老柯认为,传统单丛,包括老八仙,就是要焙三次火,高温急出，最好喝。标哥定制的老八仙偏偏只焙一次火，降低水温冲泡。

标哥认为，哪有什么传统？无非都是时代的特征。“要是清朝的时候就有用电的烘焙机，你看茶农要不要炭焙？要是计划经济时代不是要考虑成品出口茶的品质稳定性，你看要不要焙三次火？”而对于他这样的玩家，是需要有自己的标准的。他的茶，符合他的标准就行。管他什么正宗不正宗，传统不传统，只要好喝就行。

“所以你认为评茶是有标准的，而品茶则不应该有标准。对吧？”我问标哥。

“也不对，评茶的标准也是有时代特征和需求的，时代和需求变了，它就会变。一成不变的，不是钻研的态度。”

这样的言论，在茶界几乎属于叛逆者。所以标哥喝茶是孤独的。

但幸好他情愿孤独也不聚众喝茶。他认为，好茶一定不能人多了喝。人一多，气一杂，茶里的清幽雅致就通通品不出来了。所以遇到好茶，他情愿一个人喝掉，也好过话不投机半句多的茶友。

标哥现在一心“钻研”茶。跟他喝茶，别谈什么“工夫茶21式”“茶气山韵喉韵”之类的东西，他更喜欢谈土壤、植被、自然环境、加工工艺。他爱看的也是扎扎实实的茶学和种植学的书籍。

“凤凰山的茶，几年后就不能喝了。无他，茶的品质取决于生态，而一座山如果超过三分之一是单一作物，它的生态就会受到破坏。你们自己去看凤凰山，别说三分之一了，五分之四都是茶树。几年后的单丛还能不能喝，你们自己想。”

他说，关于茶，学得越多，喝得越多，越知道自己肤浅。刚入门的时候，他喝了十年铁观音，最后在安溪一个老茶人手里喝到一泡正味铁观音，他才恍然发现自己那十年从来没懂过铁观音。一切从头再来。

标哥极喜欢这种具有启迪性的茶友。有一次，他慕名去拜访云南一位很懂普洱的茶友，上门时正遇到她在泡一款茶。周围喝的人都说那款茶太淡，没有茶气，主人也就默默地换了茶。几巡茶过之后，主人和标哥说话，标哥说：“我倒是觉得刚才那款淡淡的茶，是今天最好的茶。”主人眼睛一亮，找了些理由散了局，单独把标哥留了下来，关门喝茶，从此成为莫逆。现在标哥的茶室架子上还有个小铁皮盒子，放着她寄来的有着2700年树龄的老茶树的茶叶和茶花标本。那棵老茶树现在已经被警卫守着重点保护起来了，偶尔有片叶子或者花瓣掉到外头被她捡到了，便放在书本里压干了寄给标哥。也是两个痴人。

3

几泡茶下肚，晚饭时间到了。潮菜研究专家张新民跑来吃饭，标哥下厨。标哥做菜和他喝茶的标准是一致的：清幽雅致，注重材料本身的味道，但讲究其中某些灵动之处，譬如上汤浸的娃娃菜里，放两丝橙子皮进去提味，清汤寡水立刻鲜亮起来。

“吃完饭，给你泡一道舒城小兰花。”还没放下筷子，标哥就开始想饭后的茶。

舒城小兰花之后接一泡老水仙，老水仙之后接2009年的姜母香，这已经是今天的第六泡茶。人越喝越轻飘，在他的新茶室里东游西逛，东翻西看。和许多茶人一样，标哥茶室的陈列柜上少不了潮州老茶具、锡茶罐、小风炉、朱泥壶。这些东西都是标哥刚喝茶的时候跟风，人玩亦玩的，到现在，通通放下了，一个盖碗、几只小杯就喝得很高兴。

“如果按照现在的价格，我送出去的朱泥壶差不多值100万元。当然，在当年也不值什么钱，玩一玩就不玩了，喝茶其实也不必去讲究那些。什么东西煮水有什么不同，我也承认有些差别，可差别真有那么大？我舌头笨，你要蒙着我眼睛让我去辨，我是辨不出来的。还是简单点好。”

“你的意思是用炭煮水跟用电煮水，差别也许不是1和100，而是90和91，是吧？”我笑。

“应该是90.5和91的差别吧。毕竟烧炭的时候屋子里还是有味道的。嘿嘿。”

身为处女座的他怎么能容忍喝茶的屋子里有别的味道？“标哥的篮子”和

叮当猫的口袋一样，是他的个人标志。一个小竹篮里装了五六款茶、电子秤、剪刀、杯子等，收拾得整整齐齐，去到哪里带到哪里。再翻，竟然还有牙签。

“你连牙签也不用别人的，是不是？”我问。
“不至于，不至于，嘿嘿。不至于。”

再见标哥的时候是在另外一场饭局上。饭后，他从口袋里摸出一个小竹筒，竹筒里装了四五根牙签。

“你还说你不是不用别人的牙签！”
“不至于，不至于。嘿嘿嘿嘿。”

“痴人”标哥现在处于半退休状态。他自称70%的收入都用来买茶了，一方面爱就会败家；另一方面他老担心全国目前的生态环境不能得到好的保护，好茶必然越来越少，能屯一点是一点。他囤茶用的是冷库，追求的是茶不要有太大的转化，当年是什么味道，以后喝还是那个味道——

普洱是另外一回事。但即便是普洱，哪怕稍有一点陈味和仓味他都是不喝的。在他看来，如果茶好，保存得好，无论经过多少年，都不会有让人皱眉的味道。“选茶，气息很关键。好闻的茶，喝起来就算不精彩，也一定不会差。但闻起来就有古怪味道的茶，再怎么泡也是烂茶。”标哥囤茶有个很宏伟的目标——建立一个中华茶库，收集全国顶级茶样。每一款都要有茶样标本和植物学标本，并且整理成文字。他说要用一辈子来做这件事，能做到哪一步就做到哪一步。

这个茶库将会是半开放性质，主要是为真正喜欢茶的人树立一个味觉标准。

标哥一直在强调，无论喝哪款茶，都是需要树立一个标准的。你喝过好茶，才知道好茶的标准在哪里，才能分辨更好的茶和烂茶。

所谓好茶，茶叶本身的品质是最重要的。“喝茶喝的不是茶叶，茶叶只是媒介，你是通过这个媒介去喝它生长的土地、阳光、雨水、雾气。所以喝茶是喝生态。虽然工艺会造成味道的差别，但是你看同一片茶地的茶，就算用不同的工艺，或者做成不同的茶，三四冲之后，茶叶本身的特质也一定会跑出来。茶叶的好坏，工艺是掩盖不了的。”

时针缓缓跳过午夜十二点。

“现在，我们来喝一个什么茶？！”他身旁柜子上那几百个标签，个个都在打哈欠了。标哥搓着手掌，眼睛发亮地扫过它们。他的目光让我想起他说的，“每年春天，到了三四月，总要抽个时间去北京。不干什么，就是走在街上。总有一天你会发现，昨天还是光秃秃的树，一夜之间，所有的芽都发起来了。我就这么看着，真是美啊……”

摄影：丘／撰文：蔻蔻梁

（原文刊发于《茶源地理》——潮汕工夫茶，略有删节修改）

有一些事情只能叫暗喜，与他人无关

闲话老茶

说一千道一万，老茶的唯一性、不可复制性和保存得当稀缺性，决定其身价水涨船高。

前不久，机缘巧合让我碰到一款保存完美的凤凰老水仙。这款茶采自20世纪80年代的老丛水仙,因当年制作时有些许瑕疵,没被采购站采购走(当年采购的凤凰茶基本以出口换汇为主，这些存茶也被称为出口庄)。于是，这二十多斤老丛水仙就这样连着汕头老茶厂的布袋一起被束之高阁。

直至近年老茶市场进入新的发展阶段，老茶农也把老丛水仙从弃儿看成珍宝。前些日子因他家中要建房子，急需用钱，想出手。我闻知即前往商谈，岂知茶农要价奇高，我一时难以接受。

反复冲泡带回来的一点茶样，茶历三十余年仍保存完好，韵味依旧，没有一丝让人不舒服的异味。汤水醇甘，回韵持久，有木质香，我更愿意称其为“岁月之味”。现在很多东西都可以造假，唯独味道是很难造假的，特别是这种岁月之味。就像年龄大的女人可以“造”得年轻一些，但是很难造出青春的味道来，茶亦然。所以一款既有岁月之味，又有些许青春活力的老茶，也属稀世珍品。就如这世上既残余青春韵味又有优雅气质的迟暮美人，也是难得一遇。基于此，我忍不住出手了。

我一直对老茶不抱太大希望，这次难得碰到一款，便倾尽所有，携现金前往,把这80年代的出口庄老单丛收入囊中。回到工作室仔细品饮,庆幸，老天待我不薄，让我得此茶缘，虽价格不菲，但千金散尽还复来，珍物擦肩不可再得。今后有拿得出手的老茶待客了。

2017年腊月二十夜，于茶痴工作室

因购得老茶欣喜之余，记之

此袋可存成追忆

優良獎
膨風茶
2014
苗栗縣
優質東方美人茶競賽
頭等獎(2)
苗栗縣政府
東方美人茶
優良獎
東方美人茶
封
0066
2012
壹梅
全
東方美人茶
Oriental Beauty Tea
新竹縣104年度
封條
新竹縣政府
膨風茶

“东方美人”的故事很美丽

每年，在不同季节或特殊日子到来时，我总想找一款平时少喝的茶来应节或应景，以做“矫情”之需。

今天午后，我独坐阳台处，一阵微风吹过，竟飘来丝丝桂花香，似曾相识，猛然想起原来已是农历八月了，难怪桂花飘香。

每年八月，总要找一款可以赏月配饼的茶，今天发觉是选择的时候了。八月十五中秋月圆之夜，总是花前月下，人相约，这时我想到了一款茶——中国台湾的“东方美人茶”，又叫“膨风茶”。前些年，经台湾朋友赠送与介绍，从喝到了解“东方美人茶”历经几年时间，在点滴了解与道听途说中有了自己的一些认知，所以今天乘着挑茶之机顺便记录下来。

我认为，“东方美人茶”是近代史上茶工艺改革最成功并且故事讲得最美丽却又漏洞百出的一款茶。最重要的是，消费者愿意接受而不加深究，这无疑是最成功的茶故事之一。

其实，“东方美人茶”原名“白毫乌龙”，据说其创始人是中国台湾新竹州议员、北埔乡乡长姜瑞昌。1932 年夏，姜瑞昌的茶园小绿叶蝉成灾。被小绿叶蝉叮咬过的茶芽叶片失绿，叶脉变红，很多叶片芽头红褐相间，质地粗老。姜瑞昌心生不舍，请工人采摘回去。因受小绿叶蝉叮咬，采回的茶青已有红边，本身自行走水，所以没能按全部的乌龙茶碰青工艺制作。但是又怕有夏茶的苦涩，所以就用红茶的闷红氧化工艺加以制作。结果制成的茶五颜六色，但汤水呈金黄色，美丽无比，滋味很好，比起传统的乌龙夏茶既好喝又独特。姜瑞昌带着这款茶去参加斗茶大赛竟获得好评，所以卖出了好价钱。

姜瑞昌按捺不住内心的喜悦，逢人便说，邻里大都不服，以为是姜瑞昌好大喜功，所以把姜瑞昌制作的这款茶起名为“膨风茶”。因在当地的方言中，“膨风”即吹牛的意思。直到喝了这款茶的茶商再次上门求购定制时，邻里才相信，但这“膨风茶”的名字早已传播开了。自此，新竹北埔一带除了春天制作传统的乌龙茶外，初夏时都争做“膨风茶”。但因为那时“膨风茶”刚刚起步，所以每年的产量有限。乡邻各茶户在制茶工艺上

不断加以改进和完善，经过十多年时间形成了一套独特的乌龙茶与红茶的夏茶加工工艺。因为闷红氧化去除了夏茶的苦涩，但又不过度氧化，所以“膨风茶”喝起来有红茶的甜润，而没有红茶的浓腻，同时保留了乌龙茶的山韵与花香。这在把劣势变优势的茶工艺变革中是无出其右的成功。

在 1950 年后中国台湾的出口茶中，“膨风茶”变成最高级别的茶。但这段时间台湾的经济并没有真正起飞，直到 20 世纪 80 年代台湾的经济才开始好转，与大陆开始了往来，自此“膨风茶”开始有少许流入大陆，但真正大量进入大陆是在 2000 年以后。但不知从何时起名字变成了“东方美人茶”，而且这个名字还是维多利亚女王起的。这个杜撰故事的朋友历史文化程度与我不相上下。我记得维多利亚女王是 19 世纪在位，距离“膨风茶”的横空出世还有几十年时间,所以,如果维多利亚女王泉下有知，一定会笑掉大牙。

其实，叫什么名字并不重要，重要的是在历史的长河中，许多事物与变革都是劳动人民的智慧结晶。“东方美人茶”的出现改变了乌龙茶产区夏茶一文不值的状况，这是伟大的工艺改革。所以为了纪念这个伟大的工艺改革，前两年，我在安溪也尝试了用铁观音的夏茶加上另外两个品种，用我的理解方式按“东方美人茶”的工艺做出了自己的“东方美人茶”。每年试产出来的适饮时期刚好是中秋节前后，这茶泡大壶与赏月吃饼乃是绝配。所以今年就决定用“东方美人茶”作为中秋应节之茶。

2017 年农历八月初，记之

别胡扯什么『霸气』，什么『不苦不涩不是普洱茶』

曾几何时，喝惯了福建和潮汕本地乌龙茶的我，突然间被一股普洱茶之风裹挟了。

2002 年，汕头突然出现一股普洱热，周边的朋友一夜之间都在传递喝普洱茶的好处，纷纷喝起了普洱茶。那时我虽年轻，但在汕头的喝茶圈子里也算小有名气，所以很多人会拿各种普洱茶来给我试喝。一夜之间，我一脸蒙地进入了喝普洱茶的圈子。那时候的汕头涌现出很多老年份的老熟普，轻易就说是十年、二十年的，还有三十年、四十年、五十年的，甚至出现了清末民初的老普洱，令人眼花缭乱。那些日子，每天试茶喝到吐，也喝不出个所以然来，这些茶大多有一股浓重的霉味儿。一位“资深茶人”跟我说：“标哥，你不懂老茶，这不是霉味儿，放了几十年的东西，肯定有这味儿，这叫‘腐朽香’。”

过了一两年，开始有人拿些生普饼来给我喝，一喝，苦涩难咽。他们又说我不懂，说不苦不涩怎么是普洱茶呢？这时，我整个人都怀疑人生了。新的苦涩不好喝，老的有“腐朽香”，你们的世界我不懂，究竟是你们有问

2018.3.10入

勐库三家村古树

题还是我有问题呢?

在吃喝方面，有时候我会用很简单的评判标准，直观的就是好不好吃或好不好喝。人类对于好不好吃或好不好喝，除了特定的习惯以外，是有共性的。我们对于一些东西的好坏会产生那么多的门道和理论，是因为大部分人很难真正接触到好东西。随着大众商业化的需要，大家接触到的多是很普通甚至是劣质的东西。但是，一些自己也没机会接触到真正好东西的所谓的“大师”，就会用他们有限的接触面和自以为是的理解去教导别人，在普通的东西里面分高低，这时的复杂性就出来了。我们学一样东西如果能找到真正好的标准物，那么高低自然会呈现出来，自称“大师”的人就没那么多了。

基于此,2005 年我踏上了去云南探索普洱茶的真相之路。那时我带着“各方门派”和“大师们”送我的各种有传奇色彩的普洱茶，特别是老普洱，不下三十种，到了云南。在云南，以昆明为中心，我开始走访专家，包括老一辈的从业者和老国有厂的技术人员。在昆明才走访了几日，就让我明白，带去的各种“传奇老熟普”真的会喝出问题，那些昆明茶人都没见过的宝贝，真是天大的笑话。同时，我暗访了一些专门做旧的场所，真是触目惊心，从此我再也不喝熟茶了。

说点题外话。20 世纪 70 年代，人工发酵技术从广东交流到了云南，到 20 世纪八九十年代才开始大面积推广，怎么可能在 2000 年左右就出现那么多的几十年老熟普？还有，采用人工发酵工艺的茶一般是需要量的，每次发酵都是以吨计算，怎么可能用好的原料？基本都是台地茶。当然，只要是严格按照卫生标准生产的熟普，作为日常口粮还是不错的。不过，以品的角度确实得从生普入手，特别是近些年人们生活水平提高，有更多条件去追求极致，比如单株纯料的盛行。

回到当年云南寻茶的历程。在明白了老熟普是怎么一回事后，我又开启了对生普及其产地的探寻。刚开始向临沧进发时，我边走边查资料，看了各个时期的资料和专家描述，我直接“哭晕在厕所”。整个普洱产区有多个山头，上千个寨子，细分品种有上千个。不同茶区口感的喜好与工艺的变迁，传统的条件限制与现代化的进程，种种因素导致普洱茶具有复杂的风格。普洱茶的水深不可测。

我们自以为逛了一些山头，进了几个寨子，与古树合了几张影，就是专家、大师了。我们经常拿有限的品鉴经验和狭隘的视角去鉴别茶区和品种，殊不知光几个山头，穷尽我们一生的精力都无法走透，也无法喝明白。而轻易装出所谓的权威和理论的人，既陶醉了自己，也糊弄了追随他的人。什么"古六大茶山""新六大茶山"，这些都不是金科玉律，民国年间景谷的茶是昆明市场上的宠儿，比任何茶山的茶都贵，冰岛、班章是近些年才异军突起的。茶的世界博大精深，每个人的口感、习惯、感觉都不一样，什么是好茶，很难用绝对的科学方法去定义。

在我品饮了些许不同产区和不同树龄的茶，走访了一些茶农之后，总结了一点自己的见解，在此分享一下我对普洱茶的粗浅认识。多数纯料古树，与霸气一点关系都没有，产的茶还是香甜的；和苦涩更没有关系，一般越是台地新茶，越是苦涩，千万不要把苦涩、刺激性扯进霸气。老树普

珍藏品

洱内含物质丰富，回甘力强，挂杯持久，而这才是茶汤中无形的霸气。

另外，怎样才能寻到好的普洱茶呢？我们要有自知之明，即使穷尽一生精力都难弄懂一个山头，更何况全国有那么多茶山。千万不要自称“专家”，吃喝这件事本来就没有专家，吃最好吃的是人，喝最好喝的还是人。我们到一地最重要的是寻人，找到当地真正懂茶又有情怀的人，与其交朋友，然后虚心地向他们学习，放心地请他们去帮你找到最好的茶就行了。我奉行这个基本原则，在各地交到了很多有情怀的茶友，他们都很有意思，以后再表。

2018年六一儿童节童心未泯时

实话实说老东西

我从十九岁开始，每天离不了茶。那时喝的是一种状态，一副装模作样的感觉。每年不管春夏秋冬喝的都是当季出的新茶。随着时间的推移，我慢慢地喝点品质，开始只喝春茶，它散发着春天的气息，有点甜润、鲜爽，如女孩般的吹气如兰，令人如痴如醉。到了2000年以后，社会上流行起喝老茶，可能是生活水平提高了，人们的怀旧情结多了起来。不只老茶，一下子不管什么东西都是老的好。刚开始跟着一些人喝老茶，特别是2003年左右的老普洱，让我至今心有余悸，这个在前面的文章有过细述。在以后很长一段时间，我始终对老茶爱不起来，但我相信茶叶的生命长度是无法预知的。既然有那么多人喜欢老茶，自有他们喜欢的道理，只是我还没有碰到真正好的老茶。

三十年前，因时代特殊性，物资奇缺，能够留存下来的老茶都属偶然性，不可能那时候就有存放老茶的先见之明。不过，风口一来猪都会飞，市面上一下子旧物横生，老茶满天飞，喝到现在一二十年了，越喝越多。因此老茶我不轻易触碰，但一直默默地搜寻各种茶的年份和岁月变化，特别是近年常和东莞的好友雅诚这对夫妇交流。在这期间，我喝了各式各

LUNG FUNG TEA STORE
SWATOW
CHINA
龍鳳茶行
汕頭至平馬路四十一號
電話一六五八

这是民国时期的中药柜子，我从中山旧货市场买回来当茶杯柜子

样的老茶，到了近年终于对老茶有了些许领悟和见解，胡乱之谈，聊作参考。

首先要明白三十年以上的老茶不可能商品化：一、存留量少。二、大多存放不当，发霉严重，千万不要把霉味当陈味。何谓陈味，所有老物件存放久了，只要不受潮发霉，有二三十年以上的时间都会有一股味道。这股味道我称为“岁月之味”，有点像木头老了的味道，像尘封多年刚打开的柜子的味道，有各种未知物质转化的味道。因为太难得，所以出现了许多做旧产业。不只是老茶，家具、字画、古董、房子等都做旧。

做旧归做旧，不知是年龄增长的原因还是受潮流的影响，我慢慢地爱上了老物件和老茶，所有真实的老东西都吸引我。茶老了有岁月的味道，难得而珍贵。老而优雅，气质尚存者，难啊！

所以，如果碰到有人拿着号称四五十年的老茶给你喝，茶干净得一尘不染，味道如新，一点老气都没有，然后跟你说这个存放在北美仓，那个存放在埃及金字塔，你都不要信，肯定是做旧无疑。老茶的珍贵就在于不可多得，寻找一款老茶一定要追寻来源，把这款茶的历史与当地的实际情况相结合，才能得到真相。

2018 年 6 月 3 日

于茶痴工作室

何谓传统

在茶圈子里混，常听到的是传统。这个是“北派茶道的第一千代传人”，那个是“谁谁的非遗传承人”，其实我们需要好好理解什么是传统。我理解的传统是在某一特殊时期、某一特殊条件下形成的某些习惯、某些约定俗成的规律和套路。

我们不要轻易拿传统说事，老是举着传统的大旗，就是断章取义，你认定的传统是从爷爷开始，还是从爷爷的爷爷开始呢？如果早三百年有电，有各种电磁炉和电陶炉，何来今天的炭炉，还讲究什么橄榄炭呢？

所以，我们学于先变于后，学东西当然是从约定俗成的一些套路开始，也就是所谓的传统。当你成熟了以后，一定要在生活当中与时俱进地去明白一些道理，洞察学过的东西里面有什么不符合现在生活的方式和条件。

比如，在传统的工夫茶里面就有很多不科学的地方，泡茶要用沸腾的开水。这是针对过去条件有限，喝的都是粗枝大叶的粗茶，内含物质单薄，只能用绝对的高温去逼出一点浓酽之味。像现在喝的茶讲究春茶头采、嫩芽、细作，用八十五摄氏度的水浸泡，足以出味。再如，潮汕工夫茶讲究要喝烫嘴的茶，这更不科学，潮汕是胃癌和食道癌的高发地便与此有关。因人体对温度的忍受度是有临界线的。三十八摄氏度到四十五摄氏度为人口腔能承受的最舒适温度；四十五摄氏度到五十五摄氏度有痛感，但不至于灼伤；从五十五摄氏度到六十五摄氏度开始就会中度灼伤；从七十五摄氏度到九十摄氏度就会严重灼伤。食道的黏膜被反复灼伤是癌变的最大诱因。很多人会说,不要危言耸听,七八十摄氏度我照喝没感觉。很多人不明白，那不是没感觉，而是已经烫麻木了。因那个时代物质欠缺，人们口中寡淡,有口热的茶水也算是一种快感。再加上那个年代衣衫单薄，所以有口热茶也能驱赶身上的寒气。这就是特殊条件下形成的习惯，也是一些人捧为至宝的“传统”。

很多记载文字的人，知其然而不知其所以然，把一些记忆混乱的文字当成金科玉律。书可读，但尽信书不如无书矣。我们要好好地理解传统，客观分析，学于先而变于后也。

2018 年盛夏观书有感，写于茶痴工作室

其实这个是显摆用的

这张照片我是很认真的

不就一杯饮品吗，想喝就喝

作为潮汕人，从小喝茶就如同于喝水。小时候生活物资缺乏，一泡劣质的茶能泡几十遍，没味还在喝；一把所谓的壶，几个好久没认真洗过什么样式都有的杯，一杯接一杯地喝，不是白水胜似白水，总归有个喝茶的样子。这应该是生活的习惯，也是文化人说的传统吧。

随着生活水平的不断提高，商业文化的大肆植入，国人的喝茶形式也发生了翻天覆地的变化。最早是在20世纪80年代末90年代初，中国台湾的所谓茶文化，从器具、饮用方式到神神鬼鬼的各种茶和各种道具，让人眼花缭乱。当然，他们也很好地把简单的一杯茶推到另一个层次，从美学到仪式感都有了质的变化。不过，国人有个特质——臆想能力全球第一，孙悟空翻一跟斗十万八千里。所以到了茶的世界就跟20世纪八九十年代的气功热一样，到处是不可思议的大师，无所不能；到处是练得刀枪不入的圣徒；人人自以为是此道中人，结果都是胡扯的玩笑。

到了21世纪的茶界也有点异曲同工之处，大神辈出，泡个茶花拳秀腿，什么韩信点兵，什么关公看热闹……一些年纪轻轻的人也受到毒害，喝了几天茶，连茶味都喝不明白，就穿得麻衣大褂的，兰花指跷起……

我曾问一女孩："你穿成这样，你妈能认出你来吗？"女孩说："我老师说要这样才像个茶人。标哥哥，你看我像吗？"我只能说："我觉得像乌鸦。"难怪我的桃花运一直欠佳。

还有一次，我应邀去一雅室泡茶。主人和我说："标哥，今天有位德高望重的茶文化大师，是我们潮汕茶的传承人，所以你负责泡茶。"我不敢怠慢，认真洗杯热水，谁知大师来了对我一通批评："你们年轻人个个不学好，泡工夫茶怎能用电呢？这不合传统。这样烧的水都是死水，用炭火烧的才是活水。这茶我不喝。"我在心里默念道：大师您家装空调吗？大师您坐汽车吗？大师我在高端大气的写字楼里煽风点火，被警察逮走时您能顶上吗？不就喝杯茶吗，茶叶本质才是重要的。何为本？真实为本。一切要从本源学起，与时俱进，明时而知物。我们的祖先要是早在三百年就有电，那现在还能让你懂得什么是炭炉？我只能说："大师，我们是普通老百姓，让我们吹着空调，好好地喝杯茶吧，大师。"

其实都是无用之物

前些日子，在香港跟辉哥火锅的老板洪总吃饭，席间洪总介绍了一位香港的青年才俊和我认识。这位青年人是好几家大公司的执行董事，每天工作很忙。他不喜欢喝酒也不喜欢喝其他饮料，唯独喜欢喝茶。之前，他拜访过一些台湾的茶大师，他们传递的喝茶方式让他望而却步，太麻烦，他没时间，所以他见我的目的是想问问有没有简单的喝茶方式。我听后笑了笑，没有马上回答他，取来一个啤酒杯，抓了一把随身携带的凤凰单丛茶，注入半杯九十摄氏度的水，一分钟后再加入三分之一的冷矿泉水，然后端给他，跟他说可以喝了。那青年人用疑惑的眼神问："这样就可以了？""喝茶本来就是这么简单。"我说，"它就是一杯天然饮料，没那么多神神道道的东西，除非你想把茶喝成职业或者想达到某种目的，要不然你就用最简单的方法去对待就好了。当然，哪天你谈了一个女朋友，她是做茶艺表演的，你想迎合她，'装'一把那也挺美的。"年轻人接过茶喝了口，欣喜地说："标哥，以后我可以整天喝茶了。"我说："这就是比吃饭简单得多的事。喝杯茶嘛，不要整那么多事儿！"

茶界大神

早些年，听闻北京开了个茶产业研修班，正在茶学路上孜孜以求的我跑去上了普洱茶课，期间和一些茶道中人约茶、喝茶。

某天，某一场合，一茶友拿出珍藏的昔归之老树生茶。头道水刚出，其中一位道貌岸然、八字胡轻佻的茶老师，端起一杯茶，紧闭双眼，做深呼吸状，手比嘘声势，全场鸦雀无声。此时，老师猛吸一口茶汤，茶汤在其口中翻动做雷鸣状，接着又见茶老师双掌下压做气沉丹田状。一分钟后茶老师方睁眼，面露笑容地说："此茶甚美，惜乎美中不足。采茶时下了一场雨，而且这场雨还是雷阵雨，所以这茶汤虽香但水中带酸，都是被雷吓的。"茶老师问茶友他说的对否，茶友带着哭腔说："老师，您真神！当时茶季确实经常下雨。"一时之间，我也立马跪了，大神呀！

茶过几巡，大神老师听了些茶友对我做的点滴吹嘘，点名要我聊聊茶经或者泡个茶来交流。我立即紧闭双眼，手做嘘声状，三分钟后，猛睁双眼，抱拳作揖，向老师告罪："老师，这地方不适合我演绎清雅之茶，因我刚才静听音乐，此地燥气太重，听出音乐中的电源是火力发电，太燥了！我泡茶用的音乐背景一定要是水力发电，下次我们约到三峡大坝去泡吧。”

自此一别，天各一方，不知“大神”成仙否？

茶的春夏秋冬

前面还是漏了一个评判茶叶的问题，就是怎样去辨别春夏秋冬的茶。究竟是春茶好喝，还是秋茶好喝，这需要喝茶者树立一个基本观念，才不会受到一些无良商家或者假专家的糊弄。有一本专业茶书里说到不同季节时有这么一段话："春茶苦，夏茶涩，要好喝，秋白露。"看到这里我又不信书了。所以，有时候真怀疑一些写茶书的作者究竟喝不喝茶，上不上茶山，有没有认真观察茶树的生长规律和茶滋味的比对。

喝茶肯定是春茶为贵。99% 的茶，不管是哪个茶类、哪个品种，味道苦涩是必然的。自古以来，春茶香而甜，茶香入水，所以幽；秋茶香气高扬而轻飘，水粗浊，不够春茶的细润，当然也有例外的，比如安溪的铁观音。秋茶可以和春茶平分秋色，但细喝下来终归是春茶的品质高。秋茶香飘味重，细腻不够，幽香不足。最次者当然是夏茶，夏茶既苦又涩，不值一提。

为什么春茶好喝呢？因为，万物生长自有规律与四时对应，很多植物和一些动物一样，也有冬眠。四时的自然规律为秋收冬藏，茶树经过一个

冬天的休养、积蓄，等春天一到，万芽迸发，把一个冬天吸收的土地精华寄托在一个个挺拔强壮的芽头上，带给人们无限的滋味；到夏季时，温度升高，叶片生长速度快，体内积蓄的养分已在春茶时消耗殆尽，所以夏茶最没滋叶，只剩苦涩；秋季时，大地开始回凉，万物开始内收，这时茶叶的一些气息开始回归，但能力不够，香而飘，内含物质不够充分，和春茶相去甚远。

那怎样从外观上区分春茶、夏茶、秋茶呢? 芽头肥壮重实且有较多毫毛者为春茶；条索宽松，颗粒松泡，叶片粗大，嫩梗细长，轻飘如无物者为夏茶；茶叶大小不一，叶张轻薄瘦长，芽头瘦长香飘者为秋茶；冬茶也称雪片，其实这种茶可忽略不计。因为采摘冬茶的产区在全国来说少之又少，主要以福建一些地区的水仙品种和潮汕地区的凤凰低山茶为主，总量小。冬茶雪片的特征也是叶片轻飘薄长，但是冬茶有香气高扬的特点，只是一泡水，青涩味就出来了。

这就是茶叶的春、夏、秋、冬。

1978坪上
老炒仔（茶）

过节了，让我们好好喝杯茶吧

过节了，碰巧是双节。我自觉性高，不给国家、人民添堵，躲在小楼喝茶。首先喝了个老茶——20 世纪 70 年代的老炒仔（揭西的土山茶），一口老茶让我对茶生命的长度产生了无比敬畏之心，我们对茶真的是知之甚少。

前些日子，网上出现一篇喝普洱茶致癌的文章，引起广泛争论。其实，发文方和争论方都没有常识。保存不好的东西，人吃了都会生病。如果你喝到保存干净的好茶那对身体是有好处的。很多人说，茶叶放久了香气就跑没了，我跟他们说：茶叶的香气一辈子也跑不掉，它只是随着时间的推移，在不同阶段转化成不同类型的香并伴随它到生命的终点。那么为什么会有很多老茶拿出来香气尽消，变成了杂味？其实就是保存有问题。茶叶在几十年的时间长河里，有可能受过潮，发过霉，外来的细菌感染了它本身的芳香物质。再加上中国近代人民的生活水平还没达到有意识存放老茶的境界，所以一泡好的老茶，它只能是偶然性存在。近年来，市面上突然出现有各种故事的老茶，实际上哪儿有那么多。

作为一个茶人，最重要的是以茶为本，天地草木为最真，心不藏奸方为神。

好茶、研茶的人只要心正，何来那么多的杂音？前些日子，上海一朋友发来一张图：一茶大师，面前烟雾缭绕，打造成叶问在泡茶。朋友问我："你认识他吗？听说他是潮汕人，怎么连你们潮汕人也不能好好喝茶了？"我无言以对。

唉，不说了。其实我就是想向朋友们道个中秋快乐！在这双节同庆的日子，让我们好好喝杯茶吧！祝天下太平，人人幸福！

2017 年，国庆、中秋双节之日

大红袍为何物

谈到乌龙茶及乌龙茶中的各个品种，最有必要谈的就是武夷的大红袍了。在茶中，大红袍如有骨气的男人；若一定要比作女人，那也是不让须眉的巾帼。

大红袍究竟为何物，与乌龙茶有何关系？说到大红袍，不得不说它的前世今生。其实，我更愿意将大红袍统一称为岩茶，因为在大红袍没有出现之前已有岩茶，我认为“岩茶”一名客观易懂。但不管叫什么名字，岩茶在乌龙茶系中的地位都是举足轻重的。

岩茶应该是乌龙茶的始祖。闽茶，特别在武夷一带，有茶的记载可追溯至唐代。据陆羽《茶经·八之出》中所记茶叶产区时称，“岭南生福州、建州，往往得之，其味甚佳”；又福建省最早的地方志《三山志》引《唐书·地理志》中所述，“福州贡腊面茶，盖建茶未盛以前也”。宋代为福建茶的极盛时期。福建茶的工艺变化与各朝代的饮食习惯、时代认知和生产条件等有着密不可分的关系。唐、宋、元、明时期，从制茶膏到碾末，再到蒸青、晒青、炒青、散茶，等等，福建茶工艺不断变化。在福建茶的鼎盛时期出现了如最早的腊面茶（实为茶末加龙脑等多种香料做成饼状或片状），晚唐时的龙团凤饼、石乳、白乳、密云龙，明中期的极品龙团胜雪（福建名茶白毫银针的前身）等许多名品。

以上追溯只为说明白一点：关于人类吃喝这件事并没有正不正宗一说。人都是因地制宜，因物生变，因时而变，你中有我，我中有你。如此这般慢慢积累了许多经验和套路。

所有事物都有先来后到。譬如乌龙茶的起始工艺非岩茶莫属，包括后来的铁观音、高山乌龙、凤凰茶，工艺上还是源自武夷岩茶。清初的武夷天心寺大和尚（俗名阮文锡）的《安溪茶歌》一书有诗："西洋番船岁来买，王钱不论凭官牙。溪茶遂仿岩茶制，先炒后焙不争差。"记载验证了乌龙茶的工艺起源。

不过，在喝茶时这些都不重要。因为所有事物在历史长河中都是流动变化的，随着时光的流逝，许多事情的真相也会灰飞烟灭。最重要的是用事实和同理心去看待一切现状。比如，现今的岩茶，动辄几万元、十几万元一斤，全国人民不管喜不喜欢喝茶都知道武夷有茶，名大红袍。因而关于大红袍的各种出处和传说众多，每每碰到茶友问起大红袍，我只能哑然失笑地回答:“我觉得好喝最重要，至于它是怎么来的我也不知道。”因我知道的传说中的大红袍母树今何在，已无从寻觅。还有如今的大红袍那几棵树是灌木丛，每一株单采不超过二百克，连单独制作都成问题，何来大红袍母树茶一说？当今市场上的“大红袍”只是一个品牌名称，一种茶的制作工艺而已。所以关于大红袍我也不知其为何物。

夜饮岩茶十余款，归家，肠肚翻江倒海时，强作闭眼养神状，数绵羊，数存款，谁知无款可数，只得披衣而起，凭着琐碎记忆，写而记之。

2017 年 10 月

闲话白茶

今年这个春节不冷，很适合我，从除夕那天开始我发呆至昨天下午。

武夷山的阿炜跑来找我喝茶，名曰“喝茶”，实为探讨茶路之艰辛。

十年来，阿炜在武夷山坚持纯手工制作大红袍，所以我们聊得最多的是工艺。聊到最后，阿炜问我：“标哥，你怎么看待加工工艺最少的白茶，它能喝吗？”我问：“阿炜，你怎么觉得白茶加工工艺就少呢？一片叶子的加工分为两种：一种是人为的加工，一种是自然力量的加工。只是你看不到而已。”

我跟他说，如果你有缘喝到一片凤庆茶祖掉下来的自然风干的老叶子，你就会明白茶的真谛。

对于白茶的具体细分和山场我不是十分清楚，但我认为白茶的制作工艺对茶来说是最好的工艺。在我试了很多白茶，也了解了现在白茶的加工状态后，就很难对白茶抱太大希望了。因为白茶原来之美，是为道法自然，一道自然萎凋，其中包括着多少大自然的力量，阳光乃这世界上所有物种最重要的灵魂。但如今很多茶农已经很少用自然的日光萎凋工艺，大部分是用冷干、风干或烘干，加上茶源种植受环境的影响和化肥农药等有害物质的残留，茶的原料已不纯，加工环节最重要的阳光又没有，所以现今的白茶已非昔日的白茶。我们需要明白的是，最高境界的茶喝的是大自然赋予的气息，所有自作聪明的人对工艺的评价只是画蛇添足。

我认为，白茶的存在可以给我们对大自然的神奇力量和茶的关系的研究留下更多的探索空间，但这些年随着利益的最大化，慢慢地，这块茶叶的自然洼地也被侵蚀了。这是我这些年寻茶路上对白茶的一点不成熟的感觉和思考，因年前应了吴垠老师的约，写点东西，借着和阿炜聊天时略记，以之应约。

2017 年春节

白茶

让你永远吃不够的『神物』：潮汕工夫茶

游吃潮汕有一必不可少的项目便是工夫茶。“胡桃小杯浓烈汁，却把苦药当茶饮。”便是潮汕饮茶习俗的缩影。

一方水土生成一方物自有其道理。特别是近年来，随着生活水平的提高，潮汕人也把过去粗饮解腥腻的药茶逐渐提升到文化层次。但不管如何变迁，这种饮茶习惯对潮汕人的好身材起到功不可没的作用。不信您看，潮汕很多人夜宵到凌晨两三点，却少见大腹便便者，这便是茶的功效。

到潮汕，您别试图弄懂茶，也不要轻易玩所谓的“茶道”，因为茶是一种最让人自以为是的东西，再加上商家的故弄玄虚，简单的问题也会复杂化。其实，茶就是一种饮料，它只有好喝与不好喝，健康与不健康。当然，要知道什么是能喝的茶，什么是不能喝的茶，说起来简单，探索起来就不易了。

我痴茶二十多年，为了让喜茶之人有个评判茶叶好坏的标准，我穷尽半生精力，打造了一个全国性的茶样库，为喜吃又喜茶的同道中人提供一个一目了然、简单易懂的交流平台。

需要说明的是，这并非商业行为，纯属交流心得，带着商业目的者恕不接待。此小文前面提到关于潮汕茶的点滴见解，可能有很多人，特别是某些茶学者，会对吾之论点颇不赞同，所以吾必须声明：吾非学者，亦非专家，仅仅是喜茶，只是个人见解，客观去谈所谓的苦茶、药茶、粗茶，这是站在外地人的角度去谈的。所谓久居鲍之肆而不知其臭，对于事物我们不能站在自己的角度去说别人的感受。

此树必死无疑

装得像专家一样

没有百般揉捻苦，何来满屋茶飘香

潮州凤凰山乌岽云海

论『茶』与『禅』的关系

前些日子有一帮素未谋面的茶友从外地来访。客远来，我当待之以道。净几除尘，煮水温杯，茶过三巡时，其中一女茶友摆出“斗鸡”状，问：“标哥，听闻圈中盛传你的茶道非同一般，咋地今日一见，茶是好喝，但禅意皆无。我等来前本也做了诸多功课，以为你这里应该道场深厚、禅意无穷，谁知原来却是这样简单的形式，是不是你觉得我们几人不值得你展示？”语音刚落，另外一位手中正在翻看《玩味茶事》样书的男茶友长叹一声，对女茶友说：“这也难怪，我刚才翻了一下书的目录，竟然没半篇与禅有关之表述，想来标哥应该是对禅学不甚了了。”至此我更无话可说，本来还组织了些许言辞以期与之互动，现在只能微笑泡茶了。女茶友忍不住再问：“标哥，谈谈你的想法。”我笑着对女茶友说：“无言便是我的禅。”

茶过六巡，茶友们索然无味，辞别而去。在茶友们走后，我开始思考他们提的意见。也对，聊茶怎能没禅呢？所以我兴之所至，便提笔写一篇“论‘茶’与‘禅’的关系”。我为什么不愿在自己的书中谈“禅”，是因为在我的认知中，茶是物，有形之物；禅是佛，是意，是念，其实禅究竟是什么我真的不知。我穷尽一生精力研究有形之物，尚且难明其要，遑论缥缈虚无之禅，这非我力所能及。说到茶的价值，它是有形的物质，它的品质决定了价值,可一旦与禅挂上钩便没法用有形的价值体系去评判了。

许多卖茶人经常丢给买茶人一句的说辞 :“茶无好坏，适口为珍”。我个人对这句话是非常反感的，尤其对一个专业的茶人来说，这样的话明显是在不负责任地误导消费者。一般消费者的口味与口感许多时候是被动形成的，大多数人是在被动中适应了其中某一种味觉记忆。最典型的当属潮汕老茶客的传统观念，把浓酽、厚重作为好茶的评判标准，因为他们多年以来已经形成并习惯了这种口味，突然让他们喝极致的淡雅之茶，他们反而会觉得无味。这就是习惯与认知的关系。

作为一个茶的研究者，我希望我所做出的评判是基于物的。我很喜欢看罗素的《物的分析》，我们一定还要在物的基础上去建立科学观，一定要在物的分析中去辨真伪，而不是用臆想的、感觉的、虚无缥缈的精神假想去评说具体的物(比如茶)。我啰啰唆唆说了这么多并不是为了否定“禅”的存在价值和意义。“禅”是一种精神美学，也是一种净化心灵的方式，但如果把它和物杂糅在一起包装成一种商业的幌子，那我觉得这“禅”不谈也罢。

让我老弄不明白的黄茶

在六大茶类中最让我弄不懂的就是黄茶。

要说各名山的黄茶我都喝过，就是没有特别喜欢的，最有印象的是君山银针。在所有喝过的黄茶里面，个人觉得君山银针汤水醇和而不失鲜爽，特别是其形态更加有形式感，其色泽鹅黄光亮，芽头壮实挺直，不带叶片，满披银毫，当地人称其为“金玉相镶”。在玻璃杯中冲泡时，如枪如针，在水中嬉戏，浮沉间似小江鱼戏水，在喝到君山银针时颇觉有趣。

后来喝过其他地方的黄茶，如霍山黄芽、蒙顶黄茶、安吉黄茶、龙井黄茶，等等，但越喝越爱不起来，于是便没有花太多心思去研究黄茶。为什么越喝越爱不起来呢？可能是口感和工艺上的特征注定了黄茶的可辨性较低。黄茶的形态和口感与绿茶相似，但鲜爽不如绿茶，醇和甘香不如乌龙茶。我喝的感觉倒像前些年的铁观音工艺，黄茶的闷黄工艺与铁观音前些年的脱酸、消青工艺有异曲同工之处，都属于沤，黄茶的沤是杀青完全阻止了酶促氧化作用，让茶多酚和儿茶素氧化黄变。这种工艺与红茶工艺也极其相似。有的绿茶产区的茶农将夏季的茶、下雨天的茶或劣

黄茶
4克

质绿茶加工成黄茶出售，导致市面上的黄茶难有上品。因此，在六大茶类中，黄茶日渐式微。

但黄茶作为六大茶类之一，肯定有其道理与特性。前些日子与复旦大学的李辉教授论茶，李教授对黄茶极度推崇。李教授研究发现：黄茶在沤的过程中会产生大量的消化酶，对脾胃功能有非常好的作用，特别是对食欲不佳、消化不良、情绪低落的人有意想不到的效果；相对于红茶或黑茶中的天然物质，黄茶有更高的保留性，而这些物质对防癌、抗癌、杀菌、消炎均有特殊效果，为其他茶类所不能及。当然，这是专家的观点，我也没有能力与专业水平去验证。

自从与李教授交流过黄茶之后，我陆陆续续喝了许多黄茶，有六安大黄、一芽三叶，还有各种黄芽。黄茶有多好不知，但口感始终不对，总有一股焖味，对它仍旧是爱不起来。

2018年10月7日晚11点半

于高铁上赶赴深圳，记之念之

茶器与『臆想』

四年前的一天，我前往深圳，与茶友鸿哥约茶。席间来了几路大神，多为台湾名客。鸿哥邀我施茶。我落座煮水，清洗杯具，谁知杯具还没清理好，一看桌子上已布满“悲剧”。各路大神各出一杯，大小不一，奇形怪状。这个说，标哥我这是建盏。那个说，我这是慈禧老佛爷当年的漱口杯。有一仁兄拿着一个柴烧杯，跟我说：“标哥，你把泡好的茶往里一倒，你再喝，它能让三百块钱的茶喝出三千块钱的感觉。”我只能谦虚地请教：“兄台，那您能和我解释一下它为什么不一样吗？是这杯能释放某种物质呢，还是其他什么原因导致它不一样？您总得告诉我一个合理的解释和科学的认识吧。”这位仁兄一时半会儿找不到解释的理由，便说：“你不要不信，我烧的碗，把切好的水果放进去三天都不坏。”我只能信了，还想跟他谈笔“生意”：“您能帮我烧个大一点的碗吗？我把我女朋友也放进去，我还是喜欢她年轻的样子。”年轻不懂事算可爱，变老不懂事那叫可恶。这位仁兄“生意”也不谈便拂袖而去了。

接下来又来了几个人，我一看头更大了。他们每人手上提着一桶水，这个说：“标哥，这是八大连池的水，试试。”那个说：“这是昆仑山脉的水，试试。”

还有一个说："虎跑泉的水，你也试试看。"……

最终当天的茶会以看杯品水结束，茶一泡也没泡成，如此之器真的是"茶之悲具"。殊不知，器之物也，需适用方为贵。一些人追求各种茶壶，自以为是地认为这壶泡这茶好，那壶泡那茶好，其实很多是一种意识流状态，在中国俗称"臆想"。

中国式的"臆想"毁了很多可以解释的物理现象，比如用壶泡茶，它从卫生角度就有问题，因为清洗不方便，壶内有死角；紫砂壶的密度低，容易吸附异味，这就影响了还原茶叶本质的基础。当然，若把壶当成一件艺术品，欣赏它的线条与工艺，这也无可厚非。

现在很多所谓的"设计大师"轻易就说设计了一个很好的盖碗泡茶。结果一看，我只能说，大师您这碗是干吗用的呢？您想过它可以放多少茶、放多少水吗？您计算过它合适泡给多少人喝吗？您研究过人体工学吗？这么大盖碗口我都拿不住，您忍心让小姑娘把手烫熟吗？您把它做得脚尖头大，一碰就倒，您经历过吗？还有一些做的盖子跟盖碗口一样大，您说谁能拿得住呢？所以，器者，适用方为大器。

中国的茶叶要走出去，要普及，一定要化繁为简。很多人摆张茶桌，桌上密密麻麻放着各种用得着或用不着的茶具，无立锥之地，茶叶又不知所以然，喝不到一杯让人舒服的茶。

所以一杯好茶，只要有个干净的杯子，大小合适的盖碗，能够不烫手地把茶泡出来，这就是好器！

口渴了，我就想喝杯茶而已

茶作为世界三大纯天然饮料之一，本来受众最广，然而在全世界的广度和高度却不及其他两种饮料——咖啡和红酒。经过长时间的探索和思考，我认为是我们太爱故弄玄虚的缘故。

本来茶就是饮料，太多茶商或者所谓的“文人”“专家”一说到茶就往文化上靠，而且愈演愈烈。看当今，喝茶喝得像是做道场——麻衣、大褂。如此折腾，普通大众怎么喝茶？

这几年，我一直努力推广以茶为本的原则，喝茶就是为了解渴，它比其他饮料健康，只有平常化、直接化才能去发展、去普及。要像星巴克一样，一杯咖啡可以打包带走，或者可以用很小的包装，让喜欢的人随身带走。

我欣喜地看到，很多茶饮品牌如雨后春笋般涌现，这对中国的茶产业是件好事，但也存在很多隐忧。为了利润最大化，茶饮企业用的茶都是很低端的茶，然后加入大量的植物奶和其他添加剂。

大街小巷出现真正的纯茶饮连锁店，使好品质的茶能用最简单的方式呈现与传播是我的梦想，而且是终身愿望。假如有一天碰到有能力、有条件做这个项目的人和企业，我愿意无偿地出谋献策，为茶饮事业尽一份薄力，让更多的人口渴时能好好喝杯茶。

2015 年夏

茶，那点不得不说的事

春分日，晨起微风凉，乍暖还寒时。昨夜鮀城下了一场小雨，春雨贵如油，润物细无声。这雨下得我居然一点知觉都没有，起床后在阳台独坐，望着满园春色，心中似隐隐有所期盼。

原来又到一年春茶上市时，每年这段时间我总是盼着新绿的那一抹鲜爽和沁人心脾的氤氲之气，但是这段时间也有点烦，如鲠在喉不吐不快。从半个多月前开始，微博、朋友圈等平台，人人都在晒春茶，巴不得越早越好。每年这时我只能默默地不出声，因万物生息自有时，非人力可为。

现在很多茶农为了利益更大化或出于工作时间上的安排，给茶树打了大量的生长素，也叫催芽素，用来催芽，以便早采早上市。殊不知，大多数高山的茶，每年真正采摘的时间都是在清明节之后，谷雨之前，这是节令。在春分日之前采摘的茶多数鲜香有余而水浊，底蕴不足。很多地方的茶，早采的都带有冬茶的浊气。

许多茶友不明真相地追求越新越好，或越早越值钱的概念，实不可取。

所以，近期许多茶友、朋友兴致勃勃地跑来找我，想一品新茶为快，而我只能泡些去年的旧茶给他们喝，正是：新绿尚无心头好，且把旧绿作新茗。

2018 年 3 月 20 日

应上海《橄榄画报》之约稿

茶味

品茶者不得不谈味。茶叶系大自然千万植物中的一种树叶，然此叶与人类之味觉有神通之妙，所以千百年来文人雅士、普通大众都与茶难舍难离。

大多数人饮茶只为解渴和保健，此只能定义为喝茶。谈品而知味者实不易，皆因茶味之玄妙，妙不可言也。茶味之品有先天之功，也有后天之力：先天者必须味蕾活跃，味觉灵敏，口气清新；后天者须有一定素养，并常饮、常品、常评，以练口功而后求茶质。

上等茶，其香似幽兰吐蕾，闻之若有似无，饮之入口清淡少味，而茶水入喉却香自舌底生，韵味悠远。然此等境界之物须心平气和、文静雅气之君方能品识。若遇粗俗之辈，满口辛辣味、烟酒气者，饮之呼其无味，则为暴殄天物。

故上等茶，一茶难求。茶至上品多产自高山，其味多清淡而香，如安溪祥和之观音，古已有高人赞其未尝甘露味，先闻圣妙香，此等圣妙香，有如空谷幽兰，清高隽永，灵妙鲜爽，达到超凡入圣之境，而使人饮之雅兴悠远，诗意盎然。又如品云南普洱老茶者，先赏汤色后品其韵，其韵味有如蜜香、枣香、檀香种种之香及至无香无味，无味之味为老普洱的最高境界。

不论何茶种，品味之理皆同。品上品茶好有一比，上品茶者，有如二九少女不施粉黛，吹气似兰而使人心旷神怡，而致虽古稀老翁也气冲丹田；饮劣质下等茶，其味虽浓郁，但韵味全无，浮香一过，满口苦涩，此为下等劣质茶之味也。所以，茶之韵味只可意会，不可言传。

此论只为吾茶余消遣之随笔，是否为真知灼见，懒得再去斟酌。

2016 年秋

于茶痴工作室

大雅，鸭屎香

近年来，潮汕凤凰单丛兴起，其中一个响当当的品名就叫“鸭屎香”。凤凰单丛多以香型命名。因凤凰茶主要品种系水仙小乔木，在 20 世纪 50 年代之前，茶树的繁殖是自然规律下的有性繁殖，所以每棵茶树的茶叶都有其独特的味道与个性。

在凤凰山，每家每户都或多或少有些老树茶。特别是到了近年，人们都想给自家茶树起个有噱头的名字，期望能卖个好价钱。但是山区的农民知道的词语不多，认知有限，只能找些日常能见到、吃到、闻到的参照物来命名。多数人是根据个人体验来描述味道的，比如一辈子只吃土豆和地瓜，想到的名字不是土豆香就是地瓜香。待茶农知道的好听的名字差不多都被叫完了，就只能用粗俗的词语来命名，也算是一个符号吧。我经常跟当地所谓的“专家”开玩笑：“为什么没有郁金香茶，为什么没有黑松露香？”原因很简单，他们没有接触过这些东西。

我一般不会去描述一种茶叫什么香，因为人的认知非常有限，除非是某个特征明显的相似香型，同时又被大多数人认可。

其实，名字只是一个记号，并无好坏之分，只要易记易懂，约定俗成，最后便是大俗大雅。近年，有当地茶专家要推动把“鸭屎香”改名为“银花香”，说鸭屎香有金银花香味，而“鸭屎香”之名难登大雅之堂。听到“银花香大雅”的说法，我捧腹大笑。

茶叶的香气变化多端，促使香气变化的因素更是复杂。同样的品种在不同的地域、工艺有细微的差别，茶叶的味道都会不一样。茶叶在存储过程中香气也在不断发生变化。只要温度、湿度在变化，茶就在变。一样的茶经由不同的人冲泡，味道也不一样，所以茶无专家。

研究茶多年，我也只是略熟而已。尊重地方历史和风俗，既然都叫“鸭屎香”了，如果能让鸭屎香飘千古，岂不是大雅之雅？！

胡思乱想：茶树的起源

鸡是怎么来的，蛋又是怎么来的，是先有鸡还是先有蛋？人是猴子吗？……人类总会发出对于探索大自然的种种疑问，我也时常被各种疑问所困扰。

这些年，在饮食圈里我算是混出了一点茶名，算是做饭里最懂茶的。有了这个虚名，关于茶的问题就变得越来越多，特别是在饮茶之风盛行起来的时代。

近期经常有人问："标哥，茶是怎么来的，它属于什么品种，它的祖先是谁？"碰到这类问题，我欲言又止，终至哑口无言——我自己也不懂啊！我们对大自然一知半解，无奈之下只能用猜想。我努力地查找资料，请教老师，把相对可靠的一些资料和自己想当然的一些推理一并分享在这里，算是对这些问题的回答吧。

茶是怎么来的？它当然是从大自然来的。在研究一个物种的时候，我们通常会追寻它的源头，也就是原产地。在19世纪，为了推销英国集团在印度种植生产的红茶，少数所谓的"英国学者"大肆宣传茶树的原产地为印度，在 1877 年至 1920 年出版了一些关于茶的书——《茶商指南》《阿萨姆的茶树》《茶》等，都提出中国不是茶的原产地，坚持说印度才是茶的原产地，以此来贬低中国茶在世界上的地位。20 世纪 80 年代，由日本名古屋大学农学部的几名教授组成的全国茶研者友好访华团来到中国云南的西双版纳南糯山进行实地考察，一路上见到大量需要两三人才能合抱的茶树，见识到由大面积原始森林构成的良好自然生态环境。他们在回国后写成了《川滇行》一书，肯定了茶树原产地为中国云南的事实。然而这一论断一直受到近代西方学者或利益团体的非议。

我更认同茶树原产地为云南西双版纳一带。经过几千年的演变，许多物种已面目全非，但还是有迹可循的。原生态的云南大树茶就是苦涩的，亦称苦茶。相距几千公里外的凤凰山一带，最早的野生茶树叫红茵茶，也是苦茶，其树的形态与云南的茶树几乎一模一样。

植物的传播途径有两种：一是人为传播，二是大自然传播。大自然的传播方式无非是风和水，特别是种子的传播主要靠水源，以源头来说是云南也比较靠谱。

云南是很多江河的源头或上游，比如元江通越南红河，澜沧江通中南半岛的湄公河，怒江通缅甸的萨尔温江，独龙江通缅甸的伊洛瓦底江；长江的上游就是金沙江，珠江的源头是南盘江；等等。通过山脉河流走向，茶树种子被带到下游。在很多江河流域发现了大量野生茶树，特别是靠近云南的省份，比如四川、贵州、广西，还有缅甸、老挝、泰国北部和越南等国家，这些地方都处于原产地的边缘，特别是在开始懂得人工种植传播的第一站——四川雅安蒙山。据传，蒙山有甘露寺，甘露寺祖师吴理真手植茶树七株，自此被认为是人工栽植的始祖。可是吴祖师的茶树是怎么来的，什么时候懂得移植的？种种疑问，谁来回答呢？不过这也能证明蒙山是较早接触茶的地方，也是接近我们推理的原产地的地方。

在元代或更早的诗句中，如“扬子江心水，蒙山顶上茶”直接把茶和茶的产地描述得清清楚楚。从这个时期开始，茶就开始了它的传播与变异，每到一地就会形成不同的形态和风味。人们不断用劳动和智慧去演绎对茶的理解，让茶变得丰富多彩。

茶，既复杂又简单。它不过是万千自然生物中的一种，只是长出来的叶子恰好蕴藏着人体需要的物质，偶然间被发现了，而人却把它搞复杂了。

不必过分追究茶是怎么来的，重要的是喝着好喝，喝得舒服。在大自然面前我们十分渺小，太多人的所谓“研究”或者“争论”多是拿茶寻求存在感而已。

老实说，我也不知道茶是怎么来的。说这么多，茶都凉了，我还是赶紧喝茶去吧。

鴨屎香
年份：2017年春
產地：鳳凰烏崬脚
海拔：700米
樹齡：15-20年
淨含量：5斤

鴨屎香
年份：2017年春
產地：鳳凰烏崬脚
海拔：700米
樹齡：15—20年
净含量：5斤
3

何日重回香韵圣妙时

铁观音，自懂茶始便伴我成长。历经变迁，近些年铁观音的声誉与受众人数一落千丈。究其原因，当年那些所谓的“专家”“学者”，难辞其咎。

一方水土养一方产物。一方产物自有一套最适合它的工艺，这种工艺是历经多少代人对这方水土与产物的不断试验、微调综合成最适合它的结果，这个结果就叫作传统工艺。

曾记得，20 世纪 90 年代喝的浓香铁观音，到 2000 年所喝的清香正味，都是在遵循本质的基础上加以微调，所以形成了铁观音 2002 年到 2012 年的十年黄金时期。那时的铁观音有着绿茶的鲜爽、花香，乌龙茶的醇厚底蕴，在所有茶种中形成了包罗万象之气韵，吾将其称为“君子之茶”。

惜乎，茶农之短视，假专家的横行，推动了制茶工艺的大变革，脱酸、消青、消正；品种的混乱，本山、毛蟹、黄旦等，都称为铁观音。特别是脱酸茶的出现，直接把铁观音这一独特产物，送进了万劫不复之地。土地在哭泣，茶农在哭泣，很多茶农采茶的收入已不如外出打工。

吾对铁观音的感情，日益深厚，每每梦回总会想起当年的圣妙香韵，意韵犹存。所以吾不惜风险，在安溪收购了大量铁观音，要求茶农按传统正味制作，加以炭焙工艺，便于保存、陈化。以期待他日能重现当年的铁观音妙韵，虽知此非个人独力能撑之事，但仍期望能尽绵薄之力不使一方水土的产物就此烟消云散。在收购过程中写文以记之，权当留念吧。

2014 年春，有感而发

安溪采摘铁观音

红茶，滚滚红尘中的乱世佳人

许多喝红酒的人，都喜欢把红酒比作女人。但在六大茶类中我觉得最可比成女人的便是红茶，为什么这么说呢？因为红茶在深度氧化后，其原有的茶性与骨架几乎荡然无存，所有的红茶都体现出了一种特性，那就是在妩媚中带着丝丝甜腻的暧昧，其中就包括红茶的鼻祖——桐木关红茶。传说，明末清初时有北方的军队路过，夜宿桐木关，恰好春季采茶时，兵大哥便把茶农家的茶青当成床垫睡了。等天亮军队走后，茶叶都变成了红黑色，而且软中带黏。茶农心痛，不忍弃之，便将茶叶搓揉成条，然后用关内盛产的马尾松烧火烘干。成茶后，茶叶乌黑带红发亮、汤水甜蜜，风味独特的烟熏松脂味道非常适合重口味的人饮用。因此受到一些人的追捧，而后传到国外。

就像正山小种，虽地处高海拔，但空气环境佳、生态保护好，是目前我所知道的茶产区里面生态环境最好的地方。这样的地方出产的茶虽甜俗气现，但个性骨架不卑不亢。就像民国时期的才女林徽因一样，虽在乱世，偶有名利情场上的周旋，但内心澄清似镜。有时午后艳阳高照昏昏欲睡时，泡一杯正山小种红茶，呷一口，脑海中便浮现出“你若安好，便是晴天”

这句话来。一方水土自有一方韵味，就像美人一样，环肥燕瘦各取风韵。

祁门是近年来的名红茶，但安徽祁门在 19 世纪以前还是生产绿茶的，当年生产的茶为安绿。到 1875 年，在绿茶滞销的情况下，祁门茶农学习了桐木的红茶工艺。当年红茶得以流行，其实是跟条件有关系的。因为那个时期很多物质，特别是食物的保存是大问题。绿茶尤其易变，而完全氧化的红茶可以长时间保存，这也是很多产区学习制作红茶的原因。但有些地方的茶做成红茶之后真的是五味杂陈，就像祁门红茶。原来安徽黄山一带，气候宜人，所产绿茶本清爽宜人，但学他人做成红茶之后却多了一份趋炎附势之无奈。就像民国时期的女子陆小曼一样，虽才情横溢、风情万种，本该集万千宠爱于一身，但早年的任性与乱世的无奈，导致她后来为了生活不得不在一群油腻的老男人间周旋度日。

在一个寒风瑟瑟的冬日里，茶友带来了一泡号称顶级的祁门红茶让我品尝。我在喝了一杯之后再端起杯时，便想到了奇女子陆小曼后半生屈服于生活的丝丝无奈。

在惆怅与无奈的红茶中要说有一缕冬日暖阳的，不得不提远在云南的滇红。以前云南一直是生产晒青绿茶，到了 1938 年抗战时期，云南中茶公司派冯绍裘前去考察研究云南茶可否生产红茶。冯绍裘原是安徽祁门红茶的技术人员，但因抗战爆发，茶厂解散，所以到了中茶工作。

这时在云南生产红茶，是有历史意义的。因抗战期间，中国对外通道全部被日寇切断，只剩下云南的驼峰航线，而且这条航线的盟军，以英美的士官居多，他们喜欢喝红茶；另外，生产出来的红茶也只有通过这条通道才能出去。所以在这个特殊背景下，云南出现了红茶，刚开始叫云红，后来才改叫滇红，并且沿用至今。

滇红早期多用大叶种茶树所出茶叶，因大叶种纤维素结实，充分闷红氧化后，它的结构依然稳定，所以泡出汤来，汤色金黄明亮、气韵悠长、甜而不俗。

若把滇红比作女人，非同时期的奇女子陈香梅莫属了。陈香梅虽出身于皇城脚下的书香门第，却生于乱世，成年后在中央社当记者，而且是中央社的第一任女记者。那个时候，成就陈香梅的还是驼峰航线，志愿教官——美国的陈纳德见到陈香梅后就神魂颠倒，而这时的陈香梅也满腔爱国热情，所以就与陈纳德谈起了恋爱，后来不顾家人反对与陈纳德结婚。这时的陈纳德已经六十多岁了,陈香梅是陈纳德的第四任妻子。抗战胜利后，陈香梅随陈纳德赴美国定居，从此开启了她历经半个多世纪的大国派对人生，影响了几任美国总统的选举，周旋于中美之间的关系，历久不衰，直到近百岁安然离世。

陈香梅的人生和滇红有异典同工之处，起于乱世，兴于盛世。一直以来，滇红不温不火，不增不减，安然前行。不像有些品种，一时炒作，鸡犬升天，热潮过后又销声匿迹。所以滇红在红茶中性价比非常高，就像陈香梅一样虽无惊世容颜，但长盛不衰，续写着千古传奇。

红茶，其实是一种工艺，现如今许多茶商为了利益最大化，把许多有瑕疵的茶青或夏季茶做成红茶，所以现在的红茶种类更多，像龙井做成的九曲红梅、凤凰单丛做成的单丛红……数不胜数。

我的幸福就在前方

寻茶偶得佳品记

奇书自得作者意，长剑不借时人看。

话说农历八月中秋前，月黑风高，余一人携日日香之老鹅头与红酒游荡于凤凰之巅，偶遇一老者乃狮头脚茶农。其邀吾前去试茶，吾感老者同为有趣之人，随同前往。

老者世代种茶为生，谈起工艺或品饮者却也不知所云。吾只能择其熟者谈之，让其讲讲20世纪70年代至90年代制茶习惯和买卖情况，老者如数家珍。谈到那年代的生活时，老者不胜唏嘘，当年制茶工艺尚不完备，也无用心细制，所以当年的茶，虽天生丽质，但后天的制作工艺却属于暴殄天物。谈至兴起，老者提到1991年春，采了几十斤百年以上老树茶叶，不小心从树上滑下把脚伤了，所以晒青、浪菜这两个工序勉强做完，炒青、揉捻便马虎应付，成茶时惨不忍睹。茶商收购时，出价每斤八元，老者一气之下，便把茶束之高阁，不觉已二十多年了。

近年，他自己常拿来冲泡，觉得好喝也不浪费，说着老者便上楼拿茶来泡。

吾一闻一喝间竟惊呆了，想不到不经意间竟然有保存如此干净的老单丛茶，真是有茶缘。吾兴奋之余将老鹅头和酒与老者一同享用，老者吃着老鹅头，眼睛笑成一条地平线，连说好吃。吾乘机向老者求购 90 年代老茶，谁知老者一口回绝，说不卖。我问老者何故。老者说："藏了二十多年，哪怕是垃圾也有感情，钱多了说不出口，钱少了无所谓。"吾一拍脑袋，问老者："您喜欢我的老鹅头吗？"老者说，这是他吃过的最好吃的鹅肉了。我说："那这样，我们不谈钱，我一只老鹅头外加一瓶红酒，换您一斤茶叶。"老者听了当即把脸笑成个大麻花，说一言为定。

吾随即把老者余下的二十来斤茶收入囊中。同时留下电话，让老者想吃鹅时，便叫我送上山。只可惜老者家中无闺女，要不可能还有故事发生。要寻一款干净老茶难之又难，今得此佳品，记之，念之。

2017 年秋

记于凤凰山寻茶夜归时

岁月的味道有时还真挺丰富多彩的

投茶量的问题

经常会有人问我一个问题："标哥，这茶我应该放几克呢？"

其实，这个问题很难用一句话、一个标准来回答。因为你的盖碗究竟多大，泡给多少人喝，还有泡的是什么茶，都不一样。所以最重要的是先了解茶性，以及喝茶的人数和场景，明白了这些，才能泡好一杯茶。

比如泡红茶类，因为是重发酵、全氧化，茶叶的内含物质释放得快，所以茶的投放量就要少，正常在三四克就够了，当然这指的是泡工夫茶。如果是泡一个人喝的大杯茶，放两克就够了。明白茶性很重要，像红茶类汤水通常甜且腻，如果久泡还会变酸，所以一定要少量，泡的次数要少。

绿茶类，如果用工夫茶泡法，原则上最多不能超过四克。绿茶虽是轻氧化，但采的是嫩芽，高温炒制，所以释放得也快。而且绿茶在轻氧化加工过程中，大多数杀青不足，其中的儿茶素与酶的活性反应，很容易造成茶汤中的苦涩成分浸出，因此绿茶也不宜多量久泡。

乌龙茶类，如凤凰单丛茶或岩茶类，一般投七八克。乌龙茶类以小乔木型也就是水仙系的大叶种居多，采摘以两三叶开面为主，加上前期整个繁杂的工艺流程与后期重度焙火的工艺结合，使其物质活性相对稳定又不过度，所以即使投放量较多与久泡也不会产生不愉快的感觉。

当然，以上这些只是列举，给初学者提供一个参考而已。至于老茶客，按自己的口味习惯就行。

还需要补充一点，以上说的工夫茶泡法的量，是相对三人或四人喝的盖碗而言。这种盖碗的投水量是七十毫升,出汤在六十毫升左右。如果分三杯，每杯稍微满一点，在二十毫升左右;如果分四杯的话，每杯就稍微少一点，在十五毫升左右，以此类推，按照盖碗大小增减茶量。但有个原则性的错误千万别犯，就是碗小茶多，尤其是一些老茶客为了追求口腔的刺激，一定要把茶叶加得满满的，泡出来一杯浓浓的茶汤。有时还非让别人喝，简直无异于一次对口腔的“强暴”。茶叶放在盖碗里或壶里是需要有足够的空间去舒展的，如果让它被挤死了，又怎么能给您回报好的味道呢?

怎样雅一点地闻盖香

前日，一位五大三粗的茶友慕名而来，找我喝茶。只见来人肥头大耳，鼻毛横生，声若洪钟，倒是一副可爱的样子。此人身边还带了一位娇滴滴的小美人，都是茶中之人。我见有美人到，立马捧出好茶，亲自侍茶，谁知茶过三巡，好感就降到了冰点。因这对活宝在喝茶时的许多不良动作让我有点晕，每泡一冲茶，这哥们儿都要闻香，一手拿着盖子，一手拿着盖碗闻茶，边闻边给边上的小美人普及什么香，闻完再递给小美人继续闻，如此反复。最后一次小美人闻了一下，不经意间打了个喷嚏，鼻涕若隐若现地差点掉进盖碗，瞬间面前的小美人变成了“白骨精”。所以在应邀去品茶时，茶桌上的习惯和举动是需要注意和修习的。

下面就来谈谈怎样优雅地闻香。首先，切忌下手执盖时动作过大，因盖内会有水汽，聚成水珠会滴到桌子或自己身上，这为动作不雅；其次，切忌把盖子正中直对唇鼻，边吸边谈话，这为不讲究卫生，大不雅也。

正确的动作是：三指提盖轻离盖碗，稍停顿三秒，再轻轻外移向内收手，使茶盖外翻成六十五度角，移近鼻则轻吸闻香，在盖子没回复原位时先不开口说话。如此闻香方不让人恶心，败了兴致。

火对于人类来说，永远都是探索不尽的，而且火候关系到很多物质的变化

火

书写着写着，热情就降下来了。前三个月热情高涨，为了《玩味茶事》这本书，夜以继日地写，速度还算快，基本把个人所知所想、所要一吐为快地都写了，准备就此停笔。但今天中午吃饭时，助理施涵对我说："哥，您写的稿子里面没有一篇是您最重视的关于茶后加工方面的文章，特别是乌龙茶焙火工艺方面的。"我跟她说："其实我也想写来着。但是关于用火，制茶和炒菜其实是一样的，只可意会不可言传。"施涵说："哥，您就写一点吧，我们能看懂多少就算多少。"我说："好，那就写吧。"

因火对于茶来说至关重要，对乌龙茶系更是尤其重要。第一道火为自然之火，一片叶子从树上采下来时需要阳光的晒制，这道工艺叫晒青。这道火的作用是让叶子表面的水分快速蒸发，并且有一定的温度促使青叶中酶的成分开始活跃，慢慢准备与茶多酚"见面"的工作。通过第一道火后，人工进行了碰青，潮汕制茶叫"浪菜"，这个工序是促使大量的酶来与茶多酚"见面"，叫酶促氧化。第二道火便是杀青，阻断酶继续氧化，让茶多酚保持在相对稳定的状态。第三道火是烘干，使茶变成干茶。这时候，青叶就成了毛茶，也就是初制茶。这三道火基本上都是由茶农完成的，也基本决定了茶品质的好坏与成败。从这一刻开始，火和茶的爱恨情仇和缠绵悱恻才开始了篇章。

茶的味道、汤色，与茶多酚的氧化息息相关。而茶叶中的酶和茶多酚算是一对苦难的恋人，活在人类定义的茶世界中，任由人类审美观的变化而变化。人们总是按照自己的期望值和价值观去折腾它们，但酶和茶多酚的关系就像人的感情一样复杂，酶和茶多酚轻轻一碰，只是在茶海中多看了对方一眼，便被人分开。回味起来永远是鲜爽宜人，略带一丝青涩，这便是绿茶。它们在萌芽阶段就被主人用火烧断了联想，这就是人们说的轻发酵。但乌龙茶的主人就不一样，他们喜欢看到酶和茶多酚的恋爱，在初尝甜蜜时才斩断它们的故事，但此时它们已食髓知味，念想不断，稍有不慎乌龙茶便返青了。其实这是茶叶存放过程中有了水分，水分是酶和茶多酚见面的媒介。所以乌龙茶的主人是最艰难的，从第四道火开始就是不断地驱逐水分，但又不能杀死它，杀死它便“犯法”，这叫尚用火而不损其性。所以乌龙茶的后期焙火都是在不断地控制水分这个媒介和茶多酚的关系。它不像绿茶可以让它们慢慢地自然变老，因乌龙茶有过多的人为因素助催酶的活性，所以它的变化就大，在后期的用火关系就复杂。现在大多数焙茶的人不懂茶性，为了稳定不变化，一味地重火，把好的、不好的通通杀死，只剩下一个躯壳，那叫碳化。焙茶的关键点在于怎么去除茶叶当中多余的水汽，让酶和茶多酚保持在一个相对稳定的状态中慢慢地成熟，领略美好的春夏秋冬。但是每种茶的性质都不一样，不管是高山的还是低山的，老树的还是小树的，都不一样。小树低山者当快火短时去湿，低温短时定香；老树高山者当低温慢煮，间或暴力去湿，再中温定性。种种方法还需要因地制宜，视茶而定。因存放关系，一些茶湿气轻重，有没有杂味也很关键，所以茶焙制的关键还在于鼻功，从味道中辨识湿度、杂气。但这些说起来容易做起来实难。所以茶多酚的氧化关系也如男女关系那般微妙，哪一个点掐得不好就失去了往昔的感觉。乌龙茶美如少妇，多一把火便年老色衰，少一把火便如青涩村姑，恰到好处便是风情万种而不失矜持，稍有放纵，便只能换来重重的一声叹息：人生若只如初见。

所以，关于焙火，真的只可意会，不可言传！

2018 年 12 月 6 日于简烹厨房

橄榄炭卖得很高的价格，因为它已变成茶界里的显摆神器

其实有时候我自己也搞不明白，
怎么有些东西简单好用、方便，人家就把它看成没档次呢？

袋泡茶万岁

十月金秋，我应邀从上海出发，前往扬州寻味，一同应邀出行的还有上海苏浙汇的行政总厨朱俊兄。

和朱俊兄是第一次见面，虽此前未曾谋面，但总有交集，也算神交已久了。这次见面，朱俊兄果然玉树临风，气度不凡。

我们聊食言茶，相见恨晚，这时朱俊兄对我说："标哥，你帮我们配几款茶吧，我们要提供给客人饮用的，亦可配餐，价钱贵点没关系。"我听后欣然应允。一般餐饮企业的用茶，正常情况下都是尽量压缩成本，选择低价位，朱俊兄不计成本只求品质的态度值得尊敬。

我精心挑选调配，但临交货时，朱俊兄提了一个要求，说能不能把茶做成袋泡茶，我一听"差点晕倒在厕所里"。我说："朱俊兄这可是每斤上千元的茶，怎可装成袋泡？"朱俊兄马上向我解释说："标哥，餐厅泡茶的人不专业，如果散茶泡，每次量不准，茶末也多，所以装成袋泡，服务员就能轻松操作，反正我们用真心对待客人，袋泡也可以是好茶。"我一听茅塞顿开，一拍大腿说："我来处理！"

我立即找了好些朋友帮忙动用各种资源，寻找最好材料的袋子，调整工艺，解决以往袋泡茶包装机针对的都是茶碎的常规。所以茶包做好以后，我迫不及待地用各种泡法试验，盖碗、玻璃大杯、大壶，一泡下来简单完美。

这不就是我一直要的简泡吗？这种泡法适应了很多人，上班时间不能泡工夫茶，那就用一个大杯子，先把茶包放杯子里泡一分钟，再把茶包提出来，放一边，茶水喝完继续泡，简单方便。

这些年，我一直在思考一个问题：为什么茶叶很难真正走出国门？就是因为过于复杂化，特别是那些轻易就要拿茶文化或者茶道说事的人，更是真正阻碍了茶叶的普及。前些天，我一个朋友带着他两个在美国留学的女儿到我这里喝茶，刚好我在聊到这个袋泡茶的问题时，她们很感兴趣，说老爸一直让她们喝茶，她们觉得很麻烦，一听我说喝茶可以比喝咖啡还简单，她们兴奋无比，马上向我要了一批，准备带回美国分享给同学。

因此，我觉得中国的茶，要真正体现的就是以茶为本，让茶变得简单好喝起来，打破固有的思维方式，让人们认识到不是所有袋泡茶都是不好的茶。以前袋泡茶用的都是纸袋，多少都会有异味影响茶质；现在，得益于科技的发展，袋泡茶的袋子可以用食用塑料材料制作，既卫生无味，又不影响茶的品质。

2018 年虽然财富没什么增长，但交了好朋友，又打开了另一扇通往简单泡茶的方便之门，这也算是一种收获吧。

本来《玩味茶事》已经宣布完稿，但这次去日本看了一些神乎其神的茶道，我觉得还是有必要把简单的泡茶方式传递下去，让所有人都能简简单单地喝杯茶。

愿从 2019 年开始，袋泡茶万岁！

（四川观音阁百年老茶馆）

许多东西，包括人，能老而不死，撑得时间够长，它就变成了文化；

一个地方，有百年不倒的老茶馆，那这个地方肯定就是一个有茶文化的地方

摄影：沈丹枫

我心目中的茶文化原产地

在这本书里，我最不愿提及的就是茶文化。我理解的文化应该是在生活中自然沉淀下来，深入民间的生活方式，而且能够持续地发展下去。

比如在说到茶文化时，我作为一个潮汕人其实很难开口去谈。因为近年来潮汕一直把自己当成茶文化的一个代表。

但在我心目中，真正的茶文化地标应该是四川成都，因为无论是从历史的起点还是普及的程度、喝茶的规模性，成都都是国内其他城市不能相比的。都江堰、望江公园、文殊院，这些地方的喝茶规模大时有上万人。大街小巷、小区、会所、农家乐，无处不茶。一盖碗、一竹椅、一蒲扇，三物件一摆，聊尽了多少家长里短，聊来了多少千古逸事……上至天文地理，下到偷鸡摸狗，皆在一碗时浓时淡的茶汤中。

其实，真正聊到文化，要从历史沿革出发去探寻。从茶叶的传播路径来看，四川是个比较早的起源点，这从蒙顶山茶的历史可以看出一些端倪。从性格和习惯看，成都人也具备这个条件，饮茶文化要在一个地方流行，一

这种地方，其实就是当地的一个闲话中心和新闻发布现场

定得具备三个条件：一是闲人多，二是当地盛产茶，三是生活水平高。

四川自古就有“天府之国”的美誉，物产丰富，自给自足，所以形成了许多闲适的生活状态。一种生活状态要形成文化，必须得“俗”，这个“俗”非“庸俗”的“俗”，而是“风俗”的“俗”，是普遍存在的民俗，还得经过时间的沉淀。据《成都通览》一书介绍，早在清朝时期，成都有街巷五百多条（具体数字忘记了），茶馆就有四五百家之多，每街每巷皆有，每天上茶馆喝茶的人数多达十万，这在当时的成都人口来说是非常可怕的。

直到今天，整个成都的喝茶风气与习惯有增无减，从公园到寺院、大街小巷随处可见，竹椅、盖碗依旧，高端大气上档次的茶会所，各式各样的茶舍、茶空间随处可见。新有新的花样，老有老的趣味横生。观音阁百年老茶馆，地上有被客人坐得凹下去四五十厘米的大坑，保存着茶馆中的古井，街坊自带口壶喝茶只收一元的古韵遗风至今犹存。

这林林总总，其实都是在演绎一出川茶的文化大戏。无茶不成都，但成都人却鲜有开口闭口拿茶说文化的。生活的文化底蕴就是融入生活里，不用刻意去说，也不用刻意去美化，这也许就是真正的文化吧。

玩味茶膳

茶膳

《玩味茶事》本来想写到此为止，但设计师“奇真好友”还是觉得内容不够多，单薄了些。近期又有朋友在看到样书后问了一个问题：“标哥，你算是玩茶的人里最会做菜的，做菜的人里最懂茶的，干吗整本茶书里没有关于茶入菜的内容呢？时下茶宴可是很流行哦。”我脱口而出：“为什么我不写呢？就是因为很多所谓的‘茶宴’也都是在‘胡扯’，只要是和茶扯上点关系的都叫‘茶宴’。”

其实很多人都没弄明白茶的入菜，怎样才和吃有关系，比如很多菜，像“茶香酱鸭”“茶香排骨”“龙井虾仁”等，其实都是个噱头。

茶叶入菜有几大难题：茶叶的芳香物质在高温中沸腾两分钟以上就挥发得差不多了，取茶叶的芳香入菜是个难度极高的问题，不仅是对火候的把控，茶叶的特性、食材的特点都要精准把握，才能相辅相成。所以取茶香这个因素入菜确实很难，我研究了多年也只有那么几道不是特别满意的菜，后面我会附上菜谱供读者朋友参考。另外，就是直接把茶叶当成一种配料入菜，这个我倒是觉得科学可行。比如日本的抹茶，把茶叶研成粉末直接入菜。虽然芳香物质和茶氨酸尽失，但茶叶本身的大量物质还在，特别是对现代生活有很大作用的粗纤维素可以直接进入消化系统，而且茶叶中很多对身体有益的物质成分，如维生素和矿物质，大部分属于脂溶性，不溶于水。因此，还得探索全茶入菜的方法，菜和茶叶一起吃。

在古代就有饮茶连汤带叶一起吃的记载，如《清稗类钞》中记载："湘人于茶，不惟饮其汁，辄并茶叶而咀嚼之。人家有客至，必烹茶，若就壶斟之以奉客，为不敬。客去，启茶碗之盖，中无所有，盖茶叶已入腹矣。"此为待客之道。

以上点滴记载，事实如何也不必探究，许多事也无从考究其真实性，我们只要去思考其合理性就足够了。我坚信人类发现茶叶初期应该是吃叶的，但要全茶入菜需要有一个前提，就是对茶叶的等级要求极高，也仅限于小叶种绿茶芽头，像乌龙茶类或红茶类只能碾成粉末来入菜，就像现在很多人弄几道茶菜或泡几杯茶就叫茶宴，那还不如不写。茶宴者，必定是以茶为主，这在吃饭这件事上很难，因为茶永远只能是配角。我们要做好一件事情，需明白主次关系和合理性，生搬硬凑那就不行了。但没办法，我自己也是腹中无物，只能生搬硬凑些这些年我做的一些有茶元素的菜，算是应朋友要求，为读者提供参考。

秋风得意猪蹄疾

黑茶猪蹄

猪蹄油腻多脂，味厚;黑茶性温，减脂腻，味甘醇。黑茶焖猪蹄去其油腻，存其甘甜，可减三脂之忧。

这道菜做的时候有点牵强附会的初意，当时应《茶道生活》杂志之邀，让我做几道茶菜，因为这一期主要讲的是黑茶，所以当时我并不大愿意去做，但主编吴垠对我说：“标哥，做茶的人里你最会做饭，做饭的人里你最懂茶。”我这人听不得好话，耳根软，也就做了。但意想不到的是，当这道菜做完后我自己也喜欢得不得了，而且我认为这是我做过的茶菜里比较满意的，也算是无心插柳之佳作了。这道菜在家里也可以做，参考如下：

食材明细

猪蹄 750g

黑茶 50g

大红枣 6 颗

干虾 20g

干无花果 2 颗

生姜 30g

葱白 4 根

盐适量

酱油少许

做法

1. 猪蹄斩件，氽水。然后在高压锅中加入清水，放入猪蹄，压 5 分钟后取出。将猪蹄过冷河后再入锅。
2. 用薄油将干虾炒至金黄，连同大枣、生姜、干无花果一起放入锅中。
3. 在锅中放入酱油、盐。
4. 黑茶用 3 碗开水浸泡 3 分钟，倒出茶汤备用。
5. 将 2 碗黑茶茶汤倒入锅中，留 1 碗备用。
6. 大火煮开锅中食材，改中火，煮至收汁，加入另一碗茶汤，加入葱白，煮至收汁即可上盘。

鲍片才配得起龙井

龙井鲍片

做菜，法无定法，有时冥思苦想不得一法，有时灵感突现佳作天成，有时则被迫无奈而穷则思变。

说起这道菜，不得不提一个既讨厌又一辈子不能绝交的人——雅诚兄。雅诚兄与吾同好，亦茶亦食，视为知己，感情日深。情既深者，则生拥重之情，偶有不同则易怨怀，所谓情重而易生变，就是这个意思。

近日，我俩因为对一件事情意见不合，结果冷战一周。憋得我头发都要白了，去蚝爷家吃，桌面那么大一个花胶亦食不知味，放下筷子就去登雅诚的门，大吵一架，然后握手言和，情感更胜往日，又是如胶似漆一对好基友。此人驱车八百里从东莞护送我回汕头，说是小闹胜新识，我却知道实为骗吃新菜而来，逼我做出新品供其品尝。

胡思而乱想，突然灵光一现，我们先为茶友才为食友，做菜岂能无茶入菜之菜？以茶入菜，最著名的是龙井虾仁，但市面上大多是撒两片绿茶叶子点缀一下，哪里舍得真下龙井。对雅诚，我真是下老本去伺候。

适逢厨房中有鲜鲍几只，即把鲍鱼洗刷干净，把肉取出，用滚刀法把鲍鱼切薄片相连，置于冷肉汤中浸泡备用。

然后，用一点肉汤或老鸡汤加盐及姜末一同加温至七十摄氏度左右，把鲍鱼片从冷肉汤中捞起，放于七十摄氏度的鸡汤中浸泡。那边厢，把浸泡过鲍鱼片的冷肉汤加热至沸腾，把豆芽放下，即关火，二十秒捞起平分到各位碗中，把浸在热鸡汤中的鲍鱼片捞起，也平分在碗中。

接下来，将八克龙井茶，投放在一把大壶中，加一百摄氏度的水，上菜时把碗放到每位客人面前，加入茶汤，茶汤直接淋在鲍鱼片上，以此加深熟化，即成。

此菜特点：清新爽口，绿茶的鲜爽与鲍鱼片的甜鲜巧妙结合，鲍鱼片经过二次轻加温熟化，熟而不韧，口感嫩滑。特别是操作简便，又是以茶入菜，茶汤中的涩感巧妙地化解了海鲜特有的腥腻之气。这道菜也充分体现了简烹的理念。

需要补充几点说明：鲍鱼片切好置于肉汤中是为保汁，因为所有海味贝壳类都是由纤维和大量水分组成，特别是切薄片的鲍鱼，会快速泄水，置于肉汤中能封闭切口减少出水，又能吸收些许动物脂肪，使鲍鱼片更加鲜甜而去其海腥之味，这个秘诀，我不告诉雅诚。让他自己烧滚了绿茶烫鲍鱼片去，一辈子也烫不出我做的味道，这样，他就不敢轻易和我绝交了。

一块用红袍烧的红烧肉

赛老王红烧肉

有许多关心我的朋友经常说我："标哥，难怪你交不到女朋友，因为你做的菜太淡了，都是不香不辣的。"

我说："你们不懂，无味之味，方为大味。"

他们说："鬼，谁管你这些，现代人追求的都是直接的感官刺激。你看人家隔壁老王烧得一手红烧肉，女朋友多漂亮，你枉了一身好厨艺，不要说女明星，连一个厨娘也捞不着。"

我拍案而起，你们知我为什么花这么多钱做一个实验厨房吗？因为自踏入社会以来，我从街边料理吃起，到有条件时吃到所谓的星级名厨，我发现他们做菜大都是各种酱料的味道，有多少年难以吃到食物本身的味道了。

武夷岩茶
肉桂
厨用
花雕

潮汕地区以清淡自我标榜，您看清淡过吗？各种卤鹅、卤鸡、卤鸭、卤大肠、卤小肠，满街酱油味。一碗粿汁或一碗面汤，味精、葱油、鱼露、胡椒粉，末了还来一大匙葱油末。晚上街边的排档小炒，本鲜活得可以刺身的小海鲜，他们偏偏要给整成大红烧，葱、姜、蒜、辣椒一把抓，芹菜、香菜也少不了。几乎案上所有的配料不抓够，这盘菜不算好，末了顺手连洗洁精也滴几滴，美其名曰“清肠用的”。我受不了，才做了一个厨房。你们都说我因为做这些菜交不到女朋友，我从今天开始就请你们吃红烧肉。

其实红烧肉是最容易做的菜。一道菜但凡需要用到大量酱油，它就是最容易做的。因酱油本身五味俱全，穿透力强，所以只要肉好，且处理干净，做出来都好吃。一些大厨装有文化，说有什么秘方，要放祖传十八种药材，我跟您说，我来做给他吃，我少放十种他也吃不出。

做个红烧肉，首先离不开我的本行——茶。红烧肉选材首选是要偏肥，最好是三层肉，肉要大块，一整块四方形最好有两斤重。先用粗盐搓洗一遍，然后用大火烧水把肉焯一遍，再用冷水冲洗干净，整块放入砂锅中。

原则上这块红烧肉有好酱油是关键，但一要显示复杂性，二要显示我有文化，所以还得放些料。在锅里放了一颗无花果，增其甜度。放无花果而不放糖的原因我可以说出两个版本：一是无花果的甜味和糖的甜味不一样，天然的甜蜜中还带有一丝水果的清香，能让做出来的红烧肉没那么腻；二是我冰箱里正好有无花果，再不吃掉就坏了。

因肉是肥腻之物，我这大号“茶痴”，当然要用茶来化解。对付它，我用了茶中的武夷山肉桂。武夷岩茶高焙火，茶汤颜色红，以此起到解腻增色之功效。有了岩茶肉桂调色，酱油可少放，这样可以降低咸度，怕颜色不够红亮可加红糖一匙。说起来，肉桂真是一种香气强劲的茶，用它做出来的红烧肉扎扎实实有岩茶的香气，那香气缭绕至极，让我都惊讶。怎样才能保证这道菜有茶香气存在呢？这里要重点注明一下，临上菜前要再淋上一道香气足的岩茶，然后马上上菜，这样才能有茶香飘扬。

为了增加点“横味”，放了三克桂皮。把十五克岩茶肉桂冲泡的茶汤倒入直到没过肉为止，调上酱油、料酒，大火烧开，小火煮两个半小时即可。

这里需要说明一下，些许配料不是非放不可，只是我全国各地朋友众多，加上大家知道我现为无业游民，所以都怕我饿着，每天都从全国各地寄来无数食材、配料。像今天做红烧肉用到的酱油乃厦门古龙酱油哥颜靖所寄，料酒乃浙江湖州老恒和的陈总所寄，无花果乃青岛君梦深蓝兄所寄，桂皮乃日日香卤鹅店的阿忠所赠，在此顺表谢意。有些料实因有之顺手一用。但这道菜末了需一物——两个小辣椒，因这道菜稍显甜腻，一点辣穿行其中，可起到画龙点睛的作用。

威猛的材料配威猛的茶

银龙穿红袍

近日，应《茶道新生活》杂志要求研究用大红袍入菜做一道茶馔。茶入菜全国做者众，但要真正发挥茶之优点起到画龙点睛作用者少，许多都是一种概念。做一道红烧肉，在上面撒点油炸干茶叶也算茶入菜；炒一个虾仁，在上面撒点干绿茶也算是茶入菜。实则都是幌子，比茶叶蛋都不如。

在我看来，所谓茶馔，茶在菜里一定要发挥具体的作用。当然你硬说用茶水来洗菜也是有“作用”，我也无可辩驳。但更完美的境界应该是利用其味，或者利用其香来做菜，这样做出来的菜才真正称得上是一道茶馔。

所以怎样做出一道相互有益的茶菜就需要一番思量了。经过两天的沉思，我决定用乌耳鳗（白鳝）来与岩茶搭配。

为什么要用鱼，而且是乌耳鳗呢？鳗鱼在鱼类中属于无鳞鱼，鱼身布满黏液。因其常居深泥中，所以土腥味是鳗鱼的硬伤，寻常厨师还真是处理不好。另外，鳗鱼的形态像蛇，蛇与龙又象形，好取菜名，尤其在一些年节上，属于有好意头的菜。广东人很讲究意头，席上必有鱼，何况有龙，更是高兴。这道菜取名为“银龙穿红袍”，想一想都觉得威风，文采斐然，对得起我读了那么多年小学。

岩茶重火，茶汤浓重，厚韵，能对付土腥味。用大红袍冲泡茶汤，把切好的鳗鱼浸入低温茶汤中二十分钟，使鳗鱼表皮的黏液尽去。我反复强调过，一切水产品的土腥味来自黏液、血液，包括鳗鱼。只要把黏液、血液尽去，腥味就消除了。这是茶的第一大功效。

茶的第二大功效就是把茶香逼入鳗鱼的肉里。我们需用干茶垫底，鱼置于茶上，大火蒸五分钟。这时，茶香出，鱼肉亦熟。

这道菜成了简烹体系中又一道经典茶菜。鳗鱼通过茶汤的前期浸泡，不但去其腥腻，而且浸出鱼脂，又用干茶蒸香，使鱼肉布满大红袍的火香。

通过前期低温浸泡，使鱼肉收缩变硬，口感更为爽口。大火蒸后，鱼肉肉质酥脆，吃之全无鳗鱼常有的腥气和油腻，还有茶香入鱼，吃的是鱼，回韵是茶。

其实，这道菜也不是非要用乌耳鳗不可。我做菜的原则本来就是有什么材料做什么菜，所以主材用其他什么鱼都可以。比如，有一天厨房里只有一条草鱼，于是，我就用草鱼做了一次。

我用陈皮泡水备用，将草鱼洗干净擦干，浸泡在陈皮水里，加些酱油。然后冲泡大红袍，将茶汤倒入陈皮水中，继续浸泡约三十分钟。捞出草鱼擦干。

锅中加水放上蒸格，铺上大红袍茶叶，再放上一层竹编蒸格，将草鱼放在上面，加盖蒸七八分钟即可出锅。

你手边有什么鱼，都可以这样做。

翻影初迎日，流香暗袭人

荷香白茶鱼丸汤

这道荷香白茶鱼丸汤，没有用姜，也没有用油，虽然材料简单，但是味道却不简单。猪肉与鱼丸，均有腥气，但将它们与白茶茶汤混合后，腥气被压了下去，肉汤和海鲜的鲜味被提了出来。点睛之笔是最后放入的几片鲜荷花花瓣，花瓣遇热后，散出一缕优雅的荷香，与白茶独有的香气，相辅相成，正如唐朝诗人贾谟《赋得芙蓉出水》中所说，“翻影初迎日，流香暗袭人”。

食材明细

墨鱼丸（用其他鱼丸亦可）250g

白毫银针（用白牡丹或寿眉亦可）10—15g

猪瘦肉 250g

矿泉水 1 瓶

食盐约 5g

新鲜荷花花瓣 3 片

做法

1. 将猪瘦肉切块，放入沸水中煮 20 分钟（大概用 300ml 水），之后将猪肉取出，让汤渐渐冷却。
2. 将白毫银针放入约 300 毫升矿泉水中冷泡 30 分钟，之后用滤勺将茶叶与茶汤分离。
3. 在白茶茶汤中加入步骤 1 中冷却后的猪肉汤，用微火加热至 90 摄氏度，然后加入墨鱼丸煮 3—4 分钟，煮鱼丸的时间视鱼丸的大小而定，准备关火时放盐。（注意：若使用冰冻的墨鱼丸，请在料理前让墨鱼丸完全解冻。在用茶汤煮墨鱼丸的全过程，均不能让汤水煮沸，茶汤沸腾 1 分钟，白茶中的芳香物质会消失殆尽。）
4. 将 150 毫升矿泉水加热到 70—80 摄氏度，加入步骤 2 中冷泡后的白毫银针，泡 1 分钟，将茶叶滤出。
5. 将步骤 4 中泡好的茶汤加入步骤 3 中完成的鱼丸汤，将几片新鲜荷花瓣放在鱼丸汤上，再将浸泡过的茶叶放几片在花瓣上，即可食用。

自古高山云雾出好茶，皆因茶也怕人。

气息，茶之魂也。

茶友言·标哥的茶事

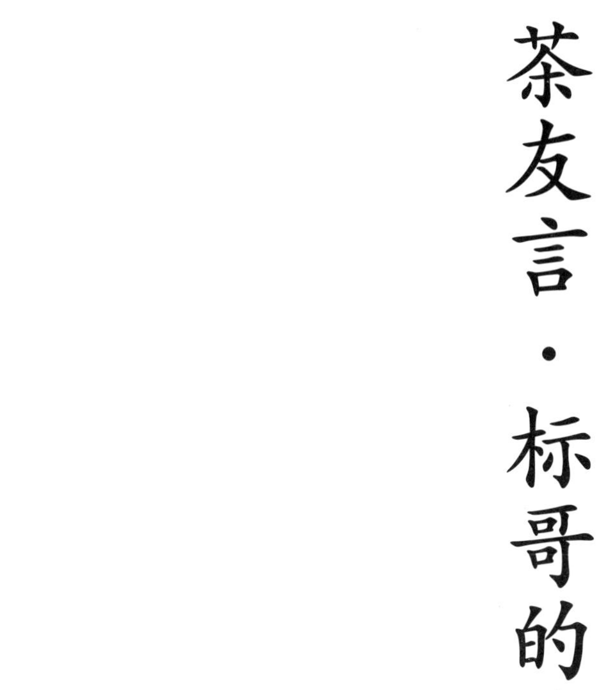

养心茶，养眼书

骆兰

分众集团副总裁，联合创始人

大概人类唯一会做的事情就是选择相信什么，然后在自我相信的认知下构建这个世界。关于茶，不求甚解的我不相信营销，不相信神话与故事，不相信炒作价格，只相信自己的舌头、鼻子与身体的感受。在十年的喝茶道路上，听到不少高人侃侃而谈茶道的种种神奇，入过不少坑，迷信过器具、水质、冲泡方法、氛围、服饰、心境对茶的影响。最终，从繁到简，只剩一个：和有心之人去喝一杯干净的好茶。在这个状态下，我幸运地遇到了“茶痴”标哥。

标哥不穿佛系中年大叔那种长袍马褂，不戴佛手串，没有各种古朴的炭炉、精美的器具，没有艺术感的插花与香炉，只有简简单单最普通的白瓷盖碗与白瓷杯子。初见标哥，他先是温文尔雅地说了句：“骆总，想喝什么茶随便点，我泡给你喝。”我也不是未经江湖之人，立即感受到话里的试探与较量，一股剑气迎面扑来。我不敢造次，小心把球踢了回去：“除了不太喜欢喝单丛，一喝就胃疼，其他的看你有什么心水介绍，都可以品尝。”

没想到标哥反其道而行之："不喜欢喝单丛，那是你没喝过我的单丛，不信的话可以试试。"这反将一军，立马吊起了我的胃口。那就让暴风雨来得更猛烈些吧。没想到这一试，竟从此上了瘾，成为我每早必喝的养心之水。更神奇的是我先生，从喝完标哥的单丛的那一天起，从我的酒友变成了茶友，从此我们两口子的幸福生活多了重要的一项——品茶论天地。

标哥出品的单丛，干净、幽香、缥缈、高远。如果你愿意，即使持续泡上三十几泡，它依然稳定。最经典的是他那款自称为"标哥的命"、绝对不卖也不送、只自享和与好友分享的神秘单丛：老八仙。这款茶如冰山上的雪莲，可望而不可即。其香绝尘境而助清逸之兴，恰如黄庭坚云"恬淡寂寞，非世所尚"。

于是，我开始好奇，标哥为什么能出品如此脱俗之茶？他的茶都如此好喝耐喝又不贵，他是如何做到的？

来标哥之“茶痴”地位不是浪得虚名。他是一个具有理性思维的科学家、匠人。一杯茶，标哥真正研究的是它后面的生态系统和茶农的心态与制茶工艺。一杯茶，要看茶树所在的经纬度、海拔，生长环境的空气湿度、土壤所含物质的丰富度、根部扎土深度，每年的日照、雨量、风势，哪一天去采摘树叶、茶农今年家里有无喜事丧事、茶农是否抽烟，制茶方法和存茶方法，等等。以上这些决定了喝到口中的这杯茶是打 50 分还是打 90 分。其他的后天因素，对于标哥来说，都可以忽略不计。

一年中的大部分时间，标哥都是在各种山上风餐露宿，寻找属于他的茶树和茶农。他总是严格要求茶农的采摘时间，常常通宵不睡监督茶农制茶。一杯杯好茶的背后，是标哥用整个生命在感知与创造。

所以，不用和他聊炭炉与电子炉的区别，也不用忽悠他炒作神话与故事。他是一个真正的用心之人，自然明白如何是一杯好茶。这个世界从来不是有钱人的世界，而是有心人的世界。

听说最近他在写茶书，作为铁粉的我大言不惭地主动报名写“茶友言”。他的文笔风趣幽默，很好玩，很“标哥”。

茶事一二

徐岚
汕头大学长江艺术与设计学院教授

贞标好茶，也懂茶，却要我这个不谙茶事之人来写“茶友言”，实在是件为难的事。

他自称不是做学问的，只是个爱茶之人，是好玩而乐于其中者。他对于茶的喜欢，近乎痴迷，还用了一个很自嗨的“茶痴”名号。然而在我看来，他是“痴而不迷”。对于吃茶这件事，他一直都很清醒。或者说，茶让他明白了更多。

2018 年初，在他的茶室闲谈，我问他：为什么不写一本关于茶的书？他说：早先是想写的，只是每回想到一半就觉得写不下去了。我问：为什么？他说：比如本想写凤凰山天池的水如何好，如果最终都要写到那是王母娘娘洗澡的地方，或者说池上那块石头是宋帝的太子椅，或者说韩愈的侄子韩湘子请了铁拐李来此相助，云云，这不成“胡扯”了吗？我听罢笑道：那你何不就写一本关于“胡扯”的“茶书”呢？他听后大喜，说这样就可以写下去了。

喝茶，本不复杂，茶中之味也好，茶外之意也罢，不过口中一呷，心中一念。然茶本无心，人却有意。于是道中谋里，技上艺下，一盏茶水，也成江湖之大。寻茶论道者，欺世盗名者，或正心或邪门，而其中真味如何？或悠然自得，或畅快淋漓，或情意清远，千人百味，各释其中。每与贞标畅谈，可堪一笑，似是已得江湖之乐而各自相忘了。

又记，那年在凤凰山乌岽的茶坝子上，三五好友席地而坐，开怀畅饮，此时朗月晴空，茶香弥漫，至深夜，我们竟然谈到了关于柏拉图的爱情。

好了，打住！打住！不然难免要瞎“胡扯”了。

无用之茶

马良
摄影家、作家

我喝茶是应了年纪的推演，喝不动酒了，人到中年开始随大溜学习品茶，也学着安顿一下不该再躁动下去的内心。因为机缘，在汕头认识了人称“茶痴”的“标哥”——林贞标，心想既然是专家，正好可以要些他的茶喝，多长些见识。

没想到，他给的茶，真真是给我上了一课，开了一部格局。贞标的茶，讲究，在喝茶这件事情上，他的确是秉持着忠贞不渝的标准，人如其名了。我过去灌茶汤，多是只闻其号，而分不清各自细微的品格，也说不出什么名堂，时日多了，心里曾生出失望：茶，不过是神秘主义的一种罢了。直到再品他的相赠，这才回味过来，不是那些茶有负盛名，也不是鄙人愚钝不可明辨，实在是我桌上过的多是来路可疑的妖艳货色，误了其中的玄妙，或是故意鱼目混珠，或是无能也无力献出更好的品味吧。而好茶本身，终归还是清清白白的，在天地间默默生了出来，在你的杯中静静氤氲着香气。巧舌无用，大美不言。

算起来，我朋友不多，皆因我是个没啥用的人。如今这个社交网络发达的时代，说寡情无义倒也谈不上，只是大家心照不宣于这样的事实：所谓朋友，都是要有些实际功用的。哪怕是一杯茶，也多被无妄地要求有些养生之用，甚至美容壮阳之类毫无胜算的寄望。我的工作闲云野鹤，无职无权也无用，于是很自觉地习惯于少交朋友，也不多麻烦别人。而贞标兄和我，这两个本来应该是相互无甚用处的人，竟然成了要好的朋友，这样想来，实在是一件很“复古”的事情。

古人云“君子之交淡如水”，贞标兄和我是君子之交无疑了，只不过，他曾赠我几杯茶，我今天为他写了几个字，虽颇有相酬应和之古意，但算不得投桃报李，因为我写的这些字一定是没啥用的，他和我都心知肚明。但“无用”不正是一件特别契合茶趣的风雅事吗？一份无用的情谊，两个无用的人，几杯无用的清茶，暗中偷换几日无用也无求的浮生。

也无故事也无香

李辉

上海复旦大学，教授

标哥最恨人家用香型来称呼茶种。

“这一款单丛叫杏仁香。您来闻闻，哪有这样的杏仁味儿？”

我从他手中抓过一把刚摇成的茶叶，凑近鼻子深吸一口气。青涩中带一点苦味，又似有点酸，若说像杏仁，还真没有这样的杏仁味。但是又实在找不出一款更贴近的香型。

“每一种茶的香型都是独一无二的，与其他东西都不一样，用其他东西的香味来描述，就误导茶人了。”确实，茶中所含成分不知凡几，如果自由组合，可形成的混合物更是不计其数，洋溢的香味大多不同。怎么找得到另一种东西与某种茶有一样的混合配比，发出一样的香味呢？我想起赫拉克利特的哲学论述——“人不能两次踏进同一条河流”。我们认为的同，都是相对的，在一定程度上是虚妄的。而绝对的真相就是异，就是唯一性。你永远找不到两片完全相同的叶子，两个完全相同的指纹，两道完全相同的茶。不语，就是真。

所以，标哥在雪夜独自抱盏，品味月落乌啼，不语；在山巅携友观蕾，指点春意枝头，亦不语。

“你们须放下一切想法、一切认知，全身心融入这道茶中。”标哥的茶，就是有血、有肉、有个性的，最是讨厌别人说它像谁谁。“这种感受，只可意会，妙不可言！”只有爱它的人，才能得到它的爱。至于为什么爱，爱什么，这如何说得清？就像老夫老妻举案齐眉几十载，一颦一笑都已稔熟，相互体悟中爱自然地存在，什么都不用说。茶就是这样，无可比拟。若说爱它香，何不闻花？若说爱它甜，何不尝果？若说爱它鲜，何不食醢？茶之利，非在于彼也！

所以我们用各种香来喻茶，实不得已而为之也！我们要类而究之，不得已而言之，言之则虚。标哥不屑于这样，他是真爱茶的痴人，他是痴爱茶的真人。本以为真人是不语的，就让大家一起来感悟好了。未承想他终是写了茶的著作。此书莫非要不留一字？一气读下来，果然！眼底虽是洋洋万言，但心中却似乎澈然无字。一本书，洗尽了茶的铅华。

我看过那么多讲茶的书，都是从茶的各种起源故事讲起的。然而，没有一个故事禁得起推敲，禁得起考据。从人类学的角度，群体的记忆往往有很大的不可靠性，历史与幻想会叠合在一起。当一个事物初现的时候，人们往往并不会刻意去铭记。更多的事物是在人们不知不觉中渐渐形成的。多少年以后，当它成为人们生活中的要事时，就像茶一样，人们就需要对其来历有个说法了。总会有人编个故事，以叙述者的认知能力描绘其发明，把数代之工、造化之力集于一人，必然有太多人力所不能，必然需要太多机缘巧合，而不知其背后的科学逻辑、历史规律。太多缥缈的无巧不成书，让言者津津乐道，听者如痴如醉，而于茶事何益？故标哥恶之。

给这些胡编滥造的故事都打上大叉！今夜，我们不讲故事，只喝茶。我们抛开一切成见，无论规范，不凭贵贱，忘却五色五味，照见五蕴皆空，只用心灵去与茶相应，来一次天人合一的体验。

标哥的书不讲故事，标哥的茶不论香型。

读书，喝茶，求真，做人。道在其中矣!

附记：今日取出标哥年前所赠“宋种一号”，与挚友共品，无与伦比的香甜，直下胸膺的阳明正气，让人感动得热泪欲下。还是要比喻一下那种香甜，就像嫦娥仙子酿制的桂花蜜！反正你们没喝过那种桂花蜜，怎么知道我说得准不准？

茶之洁净

雅诚

真正懂茶的人

“那么，标哥有没有请你喝他的老八仙？”在潮州喝茶人的圈子里，标哥的名字是响当当的。说跟标哥喝过茶的人多半会被问这个问题，回答若是“没有”，问的人自然会知道——你这个人嘛……至少在喝茶的那天……不是很对标哥的胃口。老梁写的这段话已成为老八仙的经典。

标哥是拿着老八仙专程来东莞与我一起品饮的，这让我受宠若惊。老八仙洁净、清幽、轻盈、细腻、素雅，是接近完美的茶！细品之下，不禁赞叹世上竟有如此美妙之仙品，虽由人工，但宛若天来，使我对茶的理解极为深刻。

“你不应该用手直接接触这饼茶。”我一不小心，在旁边的他就冲口而出。“茶痴”林贞标，标哥有洁癖，且严重！茶是洁净之物，“茶痴”有洁癖非常对号。标哥选茶讲究茶树生长的土壤、气候、海拔、植被等自然环境，茶的制作由采摘到存放每个细节都极为洁净讲究。十五楼有好多个冷柜都设置在零下十八摄氏度以下，专门用来存放上好的单丛茶。我曾经偷偷地寻幽探秘，但最后也不知道老八仙是放在哪个冷柜。“干净，说起来好像很基本，但是看看身边多少肮脏的人和事，就会明白干净其实是一个最高贵的要求。”标哥说。

“要是清朝的时候就有用电的烘焙机，你看茶要不要炭焙？”标哥说。传统也是要与时俱进的，现在用电的烘焙机焙茶，几十年、一百年后，也是传统工艺。现在人们痴茶往往走入一个很主观的茶世界，喜欢与好，两者搞得相当混乱。“以前茶农制茶相对粗糙，没有那么细分，为求品质稳定，火候会过多。现在我的茶细分极致，茶底子好，那就要给它最合适的制工、火候，如火候处理不好，茶里最迷魂的香气，往往会魂飞魄散，美女变丑女，那我可接受不了。”他轻轻地啜了口杨梅叶茶汤说，“人生至味是清欢，茶越喝越淡，实然不淡，你看过八大山人的《孤禽图》吗？是真，去繁留简；现真，真水无香。”标哥的茶世界，客观科学，很有前瞻性，也有高境界的审美。所以标哥孤独地饮着茶。

“泡老八仙，前三泡水温不要高，注水水温八十五摄氏度左右。”“泡肉桂时，分量要多，水温要高，隔天再用至高温水泡，中尾段也非常精彩。”“绿茶先用五六十摄氏度水低温泡一次，下来会细滑多。”“这‘东方美人’，注水水温在八十摄氏度左右。”标哥是泡茶的绝顶高手，他、我、逸韵一起饮茶时，经常轮着泡茶，他泡出来的茶汤相对安稳圆润，有静意。他的陈列柜满是老的、好的茶器和茶具，不过从几年前开始他就很少再用它们，而是一直用那普通的玻璃煮水壶，加上那普通的白色潮州制盖碗、茶杯，不过，很洁净！

淡而不寡，淡而有味

孙兆国
烹饪专家

其实初识标哥时，我对他的感觉没有现在这么好，甚至有些“小讨厌”他。因为他说的关于茶的理论方法和我所知道的完全不一样，我当时甚至怀疑他到底懂不懂茶。

我的出生地就是茶乡。

从记事开始，每年春季我的父母哥哥姐姐都在采茶、制茶。身边的一些人出门都会随身带个茶杯，小聚在一起时还会炫耀自己的茶叶，颇有些斗茶的意思。

那时候，我就认为谷雨前的茶（又称明前茶）为最佳。家中常备一口从不炒菜的生铁大锅，用于每年炒茶。我五岁的时候就知道那口锅里是不能碰到油的，而且茶叶和桑叶一样，是不能洗的。

随着交往的时间越久，标哥这套对茶的理解方式和做茶的一些方法越让我感觉他的茶就跟他的人一样，淡而不寡，淡而有味，清香怡人。

慢慢地，我就离不开标哥的茶了，它成了我居家旅行必备之物，甚至因为我经常请我们店的经理喝茶，导致她每次经过我身边看到我喝茶都忍不住咽口水，她已经开始馋茶了。

现在社会上有很多来历不明的“老茶”，所谓宫廷流出来的，什么明代、清代的茶。试问那个时期有那么多茶吗？如果有那么多茶能带出宫吗？还得用什么先进的保存条件才能将茶保存至今？真是各种讲故事。

记得标哥说，每年制完茶都会泡给小朋友喝，因为小朋友味蕾尚未发育完全，对味道的感知也是最敏感、最直接的。他的茶连小朋友都喜欢喝，至少说明一点，林贞标先生的茶是干净的、好喝的。

用标哥的话来说，好茶是用来喝的，不是用来装神弄鬼的。

标哥的茶很耐泡！

蔡昊
美食家

最早说林贞标“茶痴”的应该是我吧?!

“钻石王老五”的他（至少到今天还是），特别能折腾，估计是长期阴阳失调所致。比如，左手搞些好吃的，右手收藏点好玩的，楼上迷恋煮咖，楼下挑灯写著作……而最大的倒腾还是茶。那种痴迷，应该跟他的生活习惯有一定的关系，标哥喜欢吃猪内脏，对大肠、小肠、粉肠、生肠，条条通畅，且逢肠必吃。所以油腻食物做伴 ，喝茶是最好的消食方法，况且身边的同流之辈吃饱了懒得挪动，都等他开茶来喝，但不一定立即喝得上！他彼时说不准在茶仓角落里纠结，琢磨着哪一款茶有香有韵，更消食。

这是一个侧面，虽不是科班出身，但标哥懂茶迷茶众所周知。有人猜是胜在勤奋，三天两头往茶山跑，是勤能补拙？肯定不是。但凡单身久了的人都会有一些怪癖，他可以独自一人待在茶山几天不见人，天天读茶、看茶、焙茶、喝茶。我的歪理是，吃喝拉撒睡基本都是原生态，久而久之也就清心寡欲了，喜欢山上的水、山里的鸡鸭鱼、山民家的腌菜豆腐，到后来，连带泡出来的茶也慢慢变得温文淡雅“清淡幽香”起来……

标哥的“茶痴工作室”就在我老家附近，我每次回老家总会抽空去找他讨茶喝。标哥每每都很热心，看他有条不紊地称茶、醒茶、泡茶、侍茶也是一种享受。他泡茶的时候我们不谈茶本身，只讨论饮茶者自己喜欢与否，从对一泡、一杯的感觉来理顺欣赏者喝茶的路子，从不强加“喜好”于人，过程极其自然。每次都能让虔诚拜会他的人喝到高潮，而他还是慢条斯理地佛系重复……

标哥的茶很耐泡！

茶成为饮料

董克平
《中国味道》总顾问

汕头人士林贞标，人称“标哥”，专心制茶，有“茶痴”之誉。我与标哥相识于茶，相知于吃，遂成知心好友。从喝茶、制茶到说茶，标哥把自己论茶之文集成《玩味茶事》一书，嘱我作“茶友言”，愚鲁牛饮难解茶之风韵，勉力勾连茶饮的历史，是为“茶友言”。

“茶圣”陆羽说：“茶之为饮，发乎神农氏。”神农就是“炎黄子孙”中的那个“炎”，被北方的黄帝打败的那个炎帝。女娲造人后，人逐渐增多，吃的东西不够了，炎帝（神农）就开始尝百草，为人们找能吃的东西。

传说神农的肚子是透明的，草吃到肚子里的效果如何，可以看得清清楚楚。有一天，他吃了一种有毒的草，靠一种绿色的叶子解了毒：喝了用这种叶子煮的水，肚子里好像经过了洗涤一样，变得干干净净了。神农记住了这种可以解毒的植物，并把这种植物命名为“茶”。发现了茶叶，茶叶就成了解毒的特效药。

茶，最早是作为药物进入人们生活的，和神农发现茶的解毒功能初衷一样。神农的故事只是传说，难以作为正史。但可考的中国饮茶历史，在周朝就有了记载。孔子修编的《诗经》中有“荼”字和“槚”字。“荼”，古籍中与“茶”通假；“槚”，《现代汉语词典》中的解释是“古书上所指的楸树或茶树”。

《诗经》辑录的多是周朝的民歌，可见那时候已经有了茶。《华阳国志·巴志》中说，周武王伐纣时，巴蜀之师支持武王，贡奉的礼品中就有茶叶。而在汉代人的记载中，关于“茶”和“茶叶贸易”的内容就更多了。

茶作为药用有证可考，司马相如的《凡将篇》中记载了二十多种药物，其中的“荈诧”就是茶；茶在华佗的《食论》中也有详细的论述。

南北差异，南方喝茶的历史比北方早很多。三国时期，南方东吴末代皇帝孙皓的宫廷中，喝茶已经成为风尚，北方的贵族还无法把那种“苦涩，有余香的”水作为饮品入口，仅仅是知道了茶水可以生津解腻、消食化滞。

这个对比，不仅说明南方人饮茶的历史比北方人早，也说明茶在那个时期是被当作药用的。

今天的人们运用先进的技术手段和分析手法，知道茶可以生津止渴、消热解暑、利尿解毒、益思提神、消减疲劳、降血脂、降血压、延缓衰老、洁口消臭等。古人虽然没有这样明确地说出来，但在他们饮茶的过程中，还是体会到了喝茶的种种好处。

禅宗的流行也推动了茶的传播。唐代封演写了一本名叫《封氏闻见记》的书，其中有这样一个故事：和尚打坐参禅，须夜以继日，晚间也不能睡觉。但是确实困，于是泰山灵岩寺的降魔师就煮茶给大家喝。茶之益思提神、消减疲劳的功效在和尚们彻夜打坐中有了极大的发挥，被称为“秘方”，得以大力推广。

用茶叶将打坐进行到底，真心是禅宗无心插柳之举。禅宗成为时尚，饮茶也就成了时尚，同时促进了饮茶的北上，促成了茶叶种植、制作、运输、贩卖的产业链。降魔师确有其人，俗姓王，七岁出家，曾得神秀的指点，北上泰山传播禅宗。今天泰山北麓的灵岩寺还有关于降魔师的记载。

中原地区喝茶是从四川传入的。公元前 316 年，秦入蜀，并迁秦民一万户到蜀地，移民往来增多，蜀地饮茶的习惯也就逐渐流传到巴蜀之外。所以顾炎武讲：“自秦人取蜀而后，始有茗饮之事。”

秦入巴蜀后，打破了四川盆地的封闭环境，使巴蜀对外的交流开始增多，饮茶的习惯让茶叶开始大规模地向外传播。饮茶通过长江水系，向东、向南流行，长沙马王堆汉墓出土的竹简上就有茶的记录，而汉王在江苏宜兴的茗岭曾经“课童艺茶”，招收儿童，进行种茶技艺培训，茶农开始专业化。东汉的葛玄则在天台山设立了“植茶之圃”，这说明饮茶和种茶在汉代就已经通过长江水系到达东海沿岸。

在长江水系触及的地方，茶叶被广泛传播。南北朝时期，我国的四川、湖南、湖北、江西、江苏、浙江、安徽、河南等地都有了茶叶的种植和加工，而当时的游牧民族也到中原地区进行茶叶贸易，与此同时安南（越南）也从中国进口茶叶。南朝时期，土耳其与中国进行的边贸中就有了茶叶。隋朝初年，茶叶开始向日本输出。宋朝在与阿拉伯进行贸易的时候，茶叶从福建泉州输出。明朝郑和下西洋更是把茶叶当作一项重要的礼品，奉送给所到国。明末，荷兰商人从中国澳门运走了第一船茶叶。就这样，茶叶迅速东南西北地散播开了。

南方人喝茶的时候，北方人喝的是酪浆、牲畜的奶，这也是北方人长得比较高大的历史原因。频繁的战乱导致南北居民多次迁移，喝茶的风气也由此慢慢在全国流传开来。魏晋至唐，喝茶已经不分南北，茶也从药用逐渐变为饮用。北魏孝文帝时，从南方来的贵族王肃喝不惯酪浆，喝起茶来，一喝就是一斗，北朝人说他是“漏卮”。而魏晋玄士已经把喝茶当作风雅之事。饮茶的风尚在南北的拉锯、融合过程中，慢慢地成为普遍的习惯。

唐代以前，虽然魏晋的玄士已经开始了在饮茶方面的恣意狂想，把饮茶作为一种玄学和放荡不羁的方式，但是那时的人不懂茶叶的加工和贮藏，只是把茶叶晒干，没有什么深加工，饮茶的方法比较粗犷，与喝菜汤差不多，与后来以至今日的饮茶方式和茶的味道有着很大的差别。制茶和饮茶方式在唐代陆羽之后有了很大的改变，《茶经》不仅记录了茶叶的历史沿革，更有制茶、喝茶的方法，自唐以降，倡导制茶，并改变粗放的饮茶方式，出现了饼茶，饮用方式也开始讲究起来。茶开始了去粗存精、由俗入雅的进程。

陆羽在《茶经》中讲了制茶的方法，就是做“饼茶”。茶叶制成饼茶需要经过采、蒸、捣、拍、焙、穿、封七道工序，茶叶也根据土壤、气候和生长环境的不同有上、中、下品之分，“上者生烂石，中者生砾壤，下者生黄土”，“野者上，园者次。阳崖阴林，紫者上，绿者次；笋者上，芽者次；叶卷上，叶舒次”等。名茶的概念也在那时诞生了，“天子须尝阳羡茶，百草不敢先开花”（阳羡，即今江苏宜兴）；“牡丹花笑金钿动，传奏吴兴紫笋来”(吴兴，在今浙江湖州)。这些说明在陆羽的时代，制茶和饮茶的工艺有了很大进步。

陆羽还强调了喝茶的方法和冲茶用水的讲究。陆羽摒弃了粗放的喝茶方式，把用各种香料和茶同煮后饮用的方法称为喝“废水”，强调茶叶本身的香气和功效。在用水方面，陆羽讲的是“山水上，江水次，井水下”。同时制饼茶又去掉了粗茶本身的草腥味，这样煮出来的茶水，就更能挥发出茶叶的香气了。从《茶经》中记录的种种论茶、品茶、制茶方法看，陆羽被后世奉为“茶圣”是当之无愧的。

我们今天冲泡喝茶的方式，是明朝年间逐渐演化确立的。陆羽的方法在宋朝时还很流行。宋朝是我国封建文化发展的顶峰时期，在茶文化方面，比陆羽的唐代有了很大的发展。虽然还是饼茶(形状上改为团茶)，但制作上更精细了：去掉了唐朝人在饼茶中加的盐和香料，品质上更好、更纯。宋朝也有很多论茶的书籍，以蔡襄的《茶录》为代表。蔡襄是个书法家，也是个权相，他所监制的“小龙团”饼茶，“每片计工值四万”，造价之高，令人咋舌。在饮法上，宋朝开始了清饮，去掉了加在茶水中的盐和姜。黄庭坚在《煎茶赋》中说煎茶放盐是“勾贼破家，滑窍走水”，会败坏茶味。清饮和混饮相持了一段时间，最终还是清饮占了上风，人们普遍要求体会茶本身的香气了。

团茶在宋代盛行，到了明代就是散茶的天下了。明太祖朱元璋在 1391 年下令罢造团茶，“惟令采芽茶以进”。皇权在上，团茶式微，散茶盛行。饮用上也从煮饮改为冲泡，这个转折从明朝的中后期延续到今天。散茶与冲泡，将饮茶从烦琐的制作和饮用程序中解放出来，使茶叶的生产出现了繁荣的局面，也使人们品尝到了茶叶的清香滋味，观赏到茶叶的千姿百态。时至今日，饮茶之法沿用的仍是明人所开创的格局。

玩完后记

祖国真大，今天我带着老八仙去远远的地方看看。

应新疆好友张兄之邀，来乌鲁木齐为其会所研究菜品。从汕头坐高铁到广州白云机场，再从机场飞六个小时才到乌鲁木齐，真是幅员辽阔的祖国！

近期有点喜欢坐飞机，因为在飞机上可以完成一些写作任务。几年前就想写一本关于茶的书，但一直没写成。在我心目中，茶的地位太重，越深究越觉得自己实在渺小，玩了二十多年也只是知道皮毛。有把茶书写成《圣经》的心思，反而无从下笔。在今年开春的一场闲聊中，我灵光一闪，终于找回自己。充其量我就是一个附庸风雅的饮食男，何来道貌岸然？我写点东西只为把自己的一些积累和见解用文字记录下来。吾非专家亦非学者，所知所闻全是凭着个人见解去描述。

借着后记，我要感谢一些人。感谢汕大的徐岚教授一番轻松富含哲理的茶聊让我找回了一个好玩的我；感谢我的好友东莞雅诚这对“套路夫妻”，在茶路上对我长久的认可和鼓励；感谢我的两个异姓兄长——老大吉安食品的李觉群、老二建业酒家的纪瑞喜对我问茶之路的满满支持；感谢饮食界的各位老师朋友，特别是董克平老师、孙兆国老师一直以来对我的茶推崇备至，对我的鼓励和支持让我更加有信心走下去。我要特别感谢的是好友奇真，为了设计好我写的书呕心沥血，纯属友谊帮忙；还有我的小伙伴施涵，任劳任怨码字拍照……唉，不说了，不说了，谁叫我贵人多，要感谢的人太多了写不过来，写到没写到的我一并在此谢过！

光说感谢的话了，最后说点道歉的话吧。我这人直心直肺、口无遮拦，不经意间就得罪了人。书中胡言乱语万一冒犯到您，那绝非有意，只是巧合，您大人有大量，若有机会我当捧茶谢罪。还有书中的一些观点和资料只是代表我的个人见解，请勿当成金科玉律。

本来还想再写点什么，但飞机下降颠簸得厉害，就这样吧。是为后记。

2018 年 7 月 19 日

于广州飞往乌鲁木齐的飞机上